JN173088

遠山啓

行動する数楽者の思想と仕事

友兼清治 編著

太郎次郎社エディタス

遠山啓　行動する数楽者の思想と仕事―目次

まえがき

時代が混迷し、閉塞すると、それを打開する突破口を先駆者の思想や仕事に求めることがあります。とくに教育において、遠山啓はそんな存在ではないでしょうか。

遠山啓は数学者として代数関数論で学位を取得したのち、水道方式の創案をはじめ数学教育の画期的な仕事をし、さらに障害児教育へと進み、晩年には教育を覆う競争原理・序列主義に挑戦して、教育の全面改革をめざす「ひと」運動を主宰しました。それは多様な人びとが参加する市民運動にまで発展しました。

いま、時代の主軸が大きく揺れ、不安が増幅され、政治も社会も将来像が見えにくくなっています。教育はそうした時代を反映してか、とくに学校教育への危惧は深まるばかりです。子どもの自死や殺傷事件に象徴されるように、日々、子どもたちは抑圧され、負のエネルギーを蓄積させているのではないでしょうか。

本来、教育は子どもたちの生きることを支えるのが使命のはずなのに、未来を奪っています。こうした混迷を整理し、乗り越えるための羅針盤が緊急に必要とされています。

こじれた糸を解きほぐすには、まずは振り出しにもどり、原点から再出発するのが一番ではないでしょうか。内容においても、制度においても、もはや対症療法ではすまないところにきています。時評のレベルではなく、「人間とはなにか」「文化とはなにか」「教育とはなにか」というもっとも根源的な問いにたち返り、そこからの吟味と考察を必要としているように思います。

遠山は数学について、教育について、文化について、膨大な論考を残しましたが、なによりもその根幹には人間そのものについての深い洞察があり、数学者・教育者の枠にはとても収まらず、私にはむしろ警世の思想家に思われます。

遠山の思想は学問の堅牢さと、古今東西の思想・文化への深い造詣を礎に構築されています。遠山が残した言葉には、教育を原点から考え、再構築するための普遍の原理があるように思えます。教育の未来を描くフレームも提唱されています。没後四十年近くたってなお、遠山の主要な著作は新書をはじめ、いまも多くの人に読み継がれていて、その思想は色あせることがありません。

しかし、多岐にわたる膨大な仕事を概観できるものがこれまでなかったので、遠山番の編集者であった私は、遠山の全体像へ迫る道案内を残したいという思いに駆られました。そこで、おもな主張と論点に着目して、その個所を論考の随所から採録し、それに日記もふくめ、周辺の情報と私なりの考えを加味して構成するという方法でこの稿をまとめました。本著は二十九巻からなる著作集を一冊に凝縮した「遠山啓による遠山啓入門」といえます。

論考の多くはそれぞれの時代の、それぞれの局面で、遠山が必要かつ重要と考えるテーマに集中しています。したがって、それらを時系列(年代別)にならべ、さらに分野別に整理すると、遠山の「時代との格闘」と「思索の変遷」が鮮明に浮かびあがってきます。ですので、関心にそって各章を独立して読んでいただいてもいいと思います。

引用にあたっては本文中に論考タイトルと発表年を記し、巻末にその出典一覧を記載しました。要約した個所はその旨を明記しました。論考に厳密な考察を意図される方は、それらを手がかりに原典をお読みいただきたいと思います。

遠山の畏友だった勝田守一(かつたしゅいち)(教育学者)の言葉に「魂(ソウル)において頑固であり、心(マインド)において柔軟、精神(スピリット)において活発でなければ、この現在の困難な状況を切り抜けることはできない」というのがありますが、まさに遠山はそれを体現したような人でした。遠山啓に初めて出会う人にとっても、あらためて出会いなおそうとする人にとっても、本著が少しでも役にたてれば、こんなにうれしいことはありません。

●引用・再録にあたっては本文中に論考タイトルと初出の発表年を付記し、巻末に出典を記載した。
●「遠山啓著作集」に収録されている論考は著作集を底本とし、送りがな等の表記については統一の観点から一部を改めた。
●本文中の肩書きは当時のものである。

遠山啓

行動する数楽者の思想と仕事

プロローグ

水源に向かって歩く

行動する数楽者の生涯

遠山啓は乱反射する。まるで万華鏡である。眺める角度によって模様や色彩が変幻自在に輝く。それは華美な極彩ではなく、静寂をただよわせる奥深い森の透明な湖水を思わせる。それが遠山への信頼の源泉ともいえるが、ときとして虚と実が入り混じる遠山伝説も謎めく。

子どもも母親も文化人も

一九七九（昭和五十四）年九月二十三日、秋分の日。明星学園小中学校（東京都三鷹市）の講堂（体育館）で、故・遠山啓の告別式（無宗教形式）が盛大に、しかし、しめやかに執りおこなわれた。享年七十歳。火の国・熊本の出身らしく、前日までのぐずついた空がうそのように、この日は陽射しが強く、真夏のような暑さであった。

祭壇中央には微笑みをたたえた遠山の遺影が飾られ、壇上は白菊と鉄砲百合で埋めつくされた。遺影を囲む紫の蘭がひときわ美しい。故人とゆかりのあった人たちばかりではなく、故人を慕う子どもたち・学生たち・教師たち・市民たちが、北は北海道から南は沖縄まで全国の津々浦々から参集し、最後のお別れに臨んでいた。講堂に入りきれず、外から弔問する人もあり、総数は千人を超えたであろうか。

告別式は、数学教育協議会（数教協）、明星学園、太郎次郎社の三団体が合同で主催し、葬儀実行委員長を銀林浩（数教協委員長・数学者）、副委員長を遠藤豊（明星学園小中学校校長）と浅川満（太郎次郎社代表）がつとめた。式典の司会は無着成恭（教育者・宗教家）、業績報告を栗原九十郎（小学校校長・算数教育）が担当した。故人の遺影を囲んで明星学園の生徒たち数十名が壇上に並び、大友昭（教師・音楽教育）の指揮のもと、子どもたちの合唱をところどころにはさみながら、斎藤進六（東京工業大学学長）、遠藤豊、大槻健（日本民間教育研究団体連絡会委員長）、槇枝元文（日教組委員長）、斎藤利弥（元遠山研究室・数学者）、小島靖子（八王子養護学校教師）、早川康弌（友人・数学者）、森毅（数教協副委員長・数学者）、長谷川立子と数名の女性（雑誌『ひと』編集委員会）が弔辞を捧げた。その後、大岡信（詩人）が弔詩を朗読し、最後には遠山が好きだったという組曲「沖縄」の大合唱が会場いっぱいに響きわたった。

銀林葬儀委員長による閉式の辞のあと、一輪の花を棺前に捧げる黙禱の列がえんえんと続いた。それは、遠山とともに民間教育運動をおしすすめてきた活動家、人生をともに歩んできた友人たち、遠山の思想を心の支えとしてきた母親たち、遠山から直接・間接に教えを受けた子ども・若者などなどであった。

式典後、夕闇せまる井の頭公園を足どり重く歩いていた女性が、白いハンカチを握りしめながらさびしく語っていた。

「私は障害児をもつ母親なんです。遠山先生とは面識はございません。しかし、先生がいらっしゃることは、ほんとうに私の心の支えでした。先生の『人間にはクズはいない。人間の価値を点数でしか見られない者に、どうして教育をまかせられるか』という序列主義批判に、私は救われました。一歩一歩、私は子どもとともに希望をもって生きております」

芸能人ならともかく、文化人といわれる人で、これほど幅広い年齢層と多彩な分野・立場の人びとから弔問を受ける御霊は稀有といえるのではないだろうか。若年期から学問を志し、文化を愛し、壮年期に教育運動を起こし、晩年には子どもたちに希望を託し、母親たちを励ましつづけた、そんな遠山の生涯を象徴するかのような告別式であった。

遠山が亡くなったのは一九七九（昭和五十四）年九月十一日、ガン性胸膜炎によってである。一九〇九（明治四十二）年の生まれなので、奇しくも一九四五（昭和二十）年の敗戦をはさんで、生涯はほぼ二等分される。

葬儀の打ち合わせをしている最中に、東京工大の事務局から「政府に叙勲の手続きをとりたいが、ご遺族のご意向は」との問い合わせがあったが、「遠山の生き方に反するので」と夫人は丁重に辞退された。

告別式に先立ち、九月十三日には自宅で内輪の葬儀が営まれたが、密葬とはいえ、訃報を聞きつけ、親交のあった各界の関係者がつぎつぎと弔問に駆けつけた。通夜も葬儀も長蛇の列となり、自宅付近には交通規制が敷かれ、警察官が出動した。天声人語（十三日）も故人を悼み、盟友・森毅が朝日新聞（十四日）に追悼文を寄せた。

好奇心と研究と運動と

遠山の生涯をおおざっぱに素描すると、おおよそつぎのようになるであろう。

一九〇九（明治四十二）年、朝鮮で生まれたが、すぐに郷里の熊本に移る。一九一六（大正五）年に熊本・小川町尋常小学校に入学。一九一八（大正七）年に上京し、東京・千駄ヶ谷第一小学校に編入。東京府立第一中学校を卒業したのち、九州へもどり、一九二六（大正十五）年に福岡高等学校（理科甲類）に進学。この旧制高校時代にトルストイ、ドストエフスキー、イプセンなどを濫読する。文学に心酔し、哲学に傾倒し、天文学や地質学に強い関心をしめしていた。

勉強ぶりは異色で、独学で数学や力学や語学を身につけていった。カジョリの『方程式論の現代的入門』と出会って数学に開眼し、一九二九（昭和四）年に東京帝国大学の数学科に進学。しかし、高校よりレベルの低い講義をする教授がいることに失望し、二年ほどかよって自主退学。家庭教師や翻訳のアルバイトをしながら、あいかわらず文学や哲学に傾倒していたが、ワイルの『群論と量子力学』を読んで数学への情熱が再燃し、一九三五（昭和十）年に東北帝国大学の数学科に入学しなおす。

一九三八（昭和十三）年に東北大を卒業し、霞ヶ浦海軍航空隊の教授に。世俗に背を向け、もっぱら代数関数論の研究に没頭していた。一九四四（昭和十九）年、東京工大に助教授として就職。一九四九（昭和二十四）年、「代数関数の非アーベル的理論」で理学博士。

一九五〇年代以降、遠山は数学研究から数学教育の改革運動へと軸足を移し、「水道方式」や「量の体系」をはじめ、「数学教育の現代化」「一貫カリキュラム」の提唱など、数学教育を根本から改革する仕事に取り組み、画期的な成果をあげる。数学文化の啓蒙と発展にも大きな貢献をする。

さらに障害児教育の研究と実践をきっかけに教育全般へと進み、一九七〇年代には「ひと」運動を主宰し、日本の教育改革を志した。

水源をめざして

一九七〇（昭和四十五）年三月、遠山は東京工大を定年退職する。その記念に「数学の未来像」という最終講義をおこなったが、数学の未来について語ったあと、結びで聴衆につぎのように呼びかけた。

日本の現在の学校制度というのはclever（利口）な人間をつくることを理想にしているとい

うような感じがします。wise（賢い）な人間をつくることは忘れられてしまって、何でもいちおうはできる、いわゆる〝そつのない〟人間をつくっている。（中略）現在の教育はああいう人間像を期待される人間像としてつくっています。政治家ばかりではなく、あらゆるところにcleverな人間ばかりが進出しています。wiseな人間というのはいるだろうけれども、めだたなくなってしまいました。これでは人間はどうなるでしょうか。cleverな人間もいなくては困るけれども、こればかりでは困るのです。そういう意味で、cleverな人間を養成するのはほかの大学におまかせして、わが東京工大はwiseな人間を養成することをめざしてもらいたいものです。――「数学の未来像」1970

遠山のクレバー亡国論である。東京工大へのというよりも日本社会への呼びかけであった。また、それは定年後に取り組む大仕事の静かなる予告でもあった。

その二年後、遠山は一九七二（昭和四十七）年の元日の日記にこう書いた。六十三歳に向かう遠山の新年の決意である。

今年は、多事だった去年の雑事を切りすてて、新しく出発したい。今年は大きく方向転換したい。今年は過去の惰性から大きく抜け出して、新しい目標を摸索しはじめたい。もう他人のためではなく、自分の心の満足のため、そのまま死んでも悔いないような仕事

――のために、夢中で働きたい。Durch Leiden Freude! をめざして。――1972.1.1

当時、日本の教育は混迷の渦中にあった。子どもも教師も親も羅針盤を失っていた。翌一九七三（昭和四十八）年には同志とともに『ひと』誌を創刊し、「ひと」運動を立ち上げる。その反響は予想を大きく超えた。驚き、緊張もし、のちのち「手ごたえのある仕事にはじめてめぐり会った」としみじみと述懐する。

遠山はみずからの半生をつぎのように跡づけている。

敗戦のまえまではいちばん非人間的な数学を研究する隠遁者だったのが、敗戦をきっかけに、しだいにというより、ごく緩慢なテンポで人間のほうに向きなおり、とくに人間のなかの子どもに興味をもつようになり、そこから知恵おくれの子どもまでさかのぼっていく、ということになってしまった。

それは人生という河を、河口から逆にさかのぼって水源のほうに向かって歩いていったようなものかもしれない。そういえば、私にはなんでも水源にまでさかのぼって、そこをさぐってみたいという欲望が生まれつきあったのかもしれない。――「水源に向かって歩く」1976

行動する思想家

遠山はエスプリの人でもある。東京工大を定年になるころ、遠山はみずからを「数楽者」と呼んでいた。「楽しい」をすべての価値のベースにおいていたので、当初は数学と音楽を掛けての「スウガク」であったが、その後、道楽にも通じると、「スウラクモノ」に鞍替えをした。定年後は不良老年ふうでもあったので、その洒落をイタズラっぽい笑みで楽しんでいた。

大胆に要約すると、碩学の数学者・教育者であり、異色の運動家であり、大学人にして現場の実践者であった。つまり、数学者・教育者・運動家……のどれからもはみだしてしまい、「全身遠山啓」とでも表現するしかない、行動する思想家の一人であった。

普門院遠山道啓居士——無着成恭が贈った戒名である。普く人に門戸を開き、遠き山の頂に向かって道を啓いたひと。本名の「遠山啓」と水道方式の「道」、そこに宇宙や自然の根源をさぐる「道」を重ねて織りこんだ。

第1章

学問・文学と出会うまで
一九〇九年―一九三〇年代（十歳―二十歳代）

熊本出身。系図は立派だが、没落士族。母ひとり、子ひとりで育つ。「幼児期からわがままで意地っ張りだった」とみずから語っている。小学生のときに上京し、高校で福岡へ移り、大学入学でふたたび東京へ。東京帝国大学をドロップアウトして東北帝国大学に進む。文学や哲学に傾倒し、強い影響を受けるが、遠山の後半生における研究・実践・執筆などの素地はこのときにつくられたといえよう。

1　母ひとり、子ひとりで育つ

父を知らない子

遠山啓は一九〇九（明治四十二）年八月二十一日、朝鮮の仁川で生まれた。父・遠山一治、母・リツの第二子である。姉がいたらしいが、子どものときに亡くなり、それと入れ違いに生

1909年―1930年代（10歳―20歳代）

まれたという。父は若くして校長職にあり、渡朝中であった。遠山は誕生してすぐに母とともに郷里の熊本（下益城郡小川町）に帰り、父は単身赴任に。九歳で東京に移り住むまでここで暮らすが、遠山が懐かしさをこめて語る故郷は東京ではなく、いつも、この熊本・小川町である。小高い丘の上でよく遊び、植木鉢の破片のようなものを掘っていたというが、その丘は古墳で、破片は土器のかけらであった。

後年、『ひと』誌の編集会議のとき、「預言者、故郷に容れられず」と苦笑していたが、日記やエッセイによると、郷里を離れてから、戦後は一九五二（昭和二十七）年と一九六八（昭和四十三）年の少なくとも二回、熊本を訪れている。熊本大学での集中講義と講演旅行である。遠山は官製と民間、保守と革新など、体制や政治的な対立を問わず、講演依頼はできるだけひきうけていたが、熊本の場合、招聘は民間からだけであった。

一九七五（昭和五十）年ごろ、ある運動団体が主催した講演会からの帰りに太郎次郎社に寄ったときのこと。社員たちと焼肉を食べながら遠山は、「オレは男芸者。お座敷がかかればどこへでも行く。ただし、芸は売っても身は売らぬ」と笑っていた。「知識は売るが、思想は売らぬ」のたとえだ。

遠山が五歳のとき、朝鮮にとどまっていた父が帰国することになり、土産の品々などはすでに小包みで先着していた。いよいよ帰国の日が近づいたある日、帰りを待ちわびていた家族のもとに、腸チフスで帰国が遅れるとの電報が舞いこむ。母は看病のためにすぐさま朝鮮に出発したが、七月のはじめに訃報が届く。雲のたれこむ蒸し暑い日で、遠山少年は異様な叫び声を発してその場に倒れたという。したがって、遠山は父の顔を知らない。これが死をめぐる原体験となり、これを機に、幼いながら死について身近に考えるようになる。

このときのショックは大きく、ノイローゼのようになり、三十分ごとに尿意をもよおすというやっかいな症状にとりつかれた。気にくわぬことがあると心張り棒を振りまわし、祖母の髪の毛をつかんで振りまわすようなこともした。父の不在は遠山の少年期を大きく支配した。

この衝撃体験と、母と子ひとりの家庭で育ったことは、後年、家庭（教育）を、とくに父親の役割を考える原点となった。

祖父の影響を受けながら

一九一六（大正五）年に熊本の小川町尋常小学校に入学する。田舎の学校では宿題などださなかったので、野山を走りまわり、遊びほうけて、家で勉強する習慣などとは無縁であった。父というものを知らない遠山にとって、祖父母の存在は大きかった。

母方の祖母は若くして夫に先立たれ、四人の子どもを抱え、着物を糸から織り、仕立てて売り歩く呉服の行商で身を立てていた。浄土真宗の寺の娘で、貧乏だったが、くよくよせず、楽天的で闊達な人だったと、遠山は懐かしむ。祖母の思い出がまとわりつく縞の財布を、遠山は晩年、愛用していた。

遠山の人生観に大きな影響を与えた父方の祖父は、西南戦争のとき、賊軍（薩摩軍）に加わって投獄された経験をもち、晩年には役人たちに財産を横領され、政治ずきだったが、どこか間がぬけたところもあった。敵側だった乃木少佐を哄笑し、役人と明治政府を憎んでいた。明治天皇をけなしはしなかったが、尊敬すべきとも教えなかった。祖父のそういう感情は幼心に感染して、遠山の気質の土台となった。この世にユーモアがどんなにたいせつなものであるかも、父親がわりだったこの祖父から教えられたという。

系図によれば、遠山姓の始祖は美濃国で地頭をしていたらしい。その後、但馬国出石郡に移り、さらに明徳元（一三九〇）年、伯耆国久米郡に移っている。おそらく南北朝の争乱で美濃を追いだされて西に逃亡したのであろう。それからのち、周防の国に下り、流浪の旅はさらに肥後国八代郡へと続く。美濃を振りだしに知りあいを頼って居候をくり返したが、行くさきざきがみな没落し、流れ流れて肥後まできた。

刀鍛冶を職とし、武士としては失敗者であったが、刀の道では成功したらしい。おおいに繁盛して、肥後南半では総元締めであった。何代目かには名工がでて、とくになぎなたを鍛えるのに妙があったという。明治になってからも農具をつくる鍛冶屋を営んでいた。

さびしがり屋の意地っぱり

一九一八（大正七）年、四年生のときに東京の千駄ヶ谷第一小学校に編入する。その前年に父方の祖母が亡くなり、小学校の教師をしていた母が東京での就職を考えていたので、遠山は母と、母方の祖母との三人で叔父を頼って上京する。アクセントの違いを笑われたのが東京にでてはじめての強い印象であった。「標準語なんて力の強いやつが勝手に定めただけのものだと思った」という。

遠山は子どものころから負けずぎらいで、意地っぱりであった。みずから「わがままな子だった」とも書いている。熊本時代の話だが、小学校二年生のとき、学校帰りに拾った十銭銀貨をめぐってケンカになり、相手を崖の下へ突き落としてしまったことがある。東京では近所の広大な屋敷に忍びこみ、柿の木に登って柿泥棒をしたり、庭の池の金網をはずして鯉を逃がしたりした。そんな悪童ぶりをエッセイに書いている。

長じての遠山はさびしがり屋でもあった。仲間といるときはいつも好んでおしゃべりの輪に加わり、「研究会をやろうよ」「桜を見にこないか」「打ち上げをやろうよ」といっては軽井沢や伊豆の別荘に人を集めていた。母ひとり、子ひとりで育ったせいであろうか。

幾何少年の一念発起

一九二二（大正十一）年、東京開成中学校に入学し、その後、東京府立第一中学校（現・日比谷高校）に編入する。好きなことしかやらないという性癖がますます高じていく。試験勉強は「しない」というよりも、性格的に「できない」。三年になって幾何の授業が始まると、その魅力にとりつかれ、ほかの嫌いな学科は及第点すれすれで通過した。

後年、数学教育の改革ではユークリッド幾何を真っ向から批判したが、じつは本人は幾何大好きの「幾何少年」であった。晩年になっても幾何のおもしろさは認めていて、「楽しむのはよいが、試験はするな」が主張であった。

一九二三（大正十二）年、中学二年生のとき、関東大震災に遭遇する。母と連れだってデパートで買いものをし、日比谷まで来ていた。とつぜん地震が起き、たったいままでいたそば屋が激しく揺れて倒れるのを放心しながらただただ眺めていた。三階建ての木造であった。食糧不足になり、朝鮮人に対するデマも飛びかった。倒壊した家屋や多くの死体など、地震によるあまりの惨状は、それを目の当たりにした遠山少年に底知れない恐怖を吹きこんだ。

中学時代の遠山は、東京・小石川の妙伝寺という寺の境内にある民家に、母と二人で間借り生活をしていた。その窮屈な息苦しい生活から早く逃れたいと進学を急ぎ、旧制中学校は五年制であったが、飛び級で四年生からの高校受験をめざす。当時、カネもコネもない人間の窮乏生活脱出法は学問であったからである。

四年生になって猛烈な受験勉強を開始する。夜中に眠気さましに井戸水をかぶることもやった。のちに、冷水をかぶるのは身体によくないと医者にいわれ、冷水摩擦に切りかえたが、このころの経験からか、遠山の健康法は生涯、冷水摩擦であった。

猛勉強のおかげか、四年生で福岡高等学校（のちの九州大学教養学部）に合格。大学ではふたたび上京するのに、このときわざわざ福岡に行ったのはなぜか。母が結核を患い、療養のために実家のある福岡に帰郷したので、遠山もそれにしたがったらしい。「中学の成績が上から四分の三ぐらいでもはいれたのは、内申書がなかったからである」と書いている。後年の教育改革運動での内申書無用説、いや、有害説は、このあたりに批判の根があるのであろう。

2 数学・文学・哲学との出会い

バンカラ気風の高校生活

一九二六（昭和元）年、福岡高等学校に入学した遠山は、福岡の浪人谷に下宿する。この年、祖父が亡くなっている。

同級生には何年も浪人したり、何回も落第したりしている者がいて、飛び級で入った遠山は子どもあつかいをされ、後悔した。しかし、高校生活じたいはすばらしかった。当時の旧制高校は、よほどの破廉恥をやらないかぎり、まったくの自由であった。容赦なく落第させる厳格さはあったが、落第した本人も周囲もケロリとしているバンカラ気風が学校を包んでいた。

遠山は小ざっぱりとした霜降りの制服に、白線二本の制帽をかぶり、流行りの朴歯（ほおば）の足駄ではなく、駒下駄をはき、きちんと折りたたんだ日本手ぬぐいを腰から下げて街をそぞろ歩いた。気に入らないことは絶対にやらず、無口で超然としていた。数学的直観力にすぐれ、本質を見抜く非凡さがあったと友人は語るが、かたや、こんなエピソードもある。買いたての時計が故障して、修理のため時計屋に持っていったところ、店員がニヤニヤしながら「ネジが巻いてありません」と告げたという。あの鋭い洞察力の持ち主にもこんな一面があるのかと、同道した同級生は呆気にとられた。

授業日数の三分の一までは休んでもよかったので、遠山はこの権利を最大限に行使して図書館に入り浸ったり、古本あさりをしたりして手あたりしだいに本を読み、自由奔放に考えをめぐらせ、議論をしていた。高校時代からの友人である永吉吾郎（元大成建設顧問）は、「その勉強振りはひときわ異彩を放っていた」という。

英語や独逸語はそれぞれ教科書を使っていたが、彼は学期はじめにサッと眼を通すと、そのまま机の中に置きっぱなしにした。教官に当てられると、その場で読んで訳をつけていった。数学も力学演習も教官に当てられると、黒板を前にしてはじめて宿題に取り組み、ゆうゆうと解いていった。（中略）下宿では独学でフランス語、イタリア語、ロシア語などを勉強していたし、数学も高校程度以上の函数論、整数論、集合論、群論などを勉強していた。トルストイやドストエフスキイなどを読破し、哲学も勉強していた。（中略）それで

いて席順などはてんで眼中になく、われわれといっしょになって高校生活を十二分にエンジョイした。——永吉吾郎「わが友・遠山啓」1980

細胞が入れ替わるような三年間

当時、遠山は天文学や地質学にも憧れていた。あの星は何万光年の彼方にあるとか、この地層は何万年も昔のものだとかいう「永劫の時間」や「宇宙の神秘」に強く魅かれていた。相対性理論や量子力学が誕生して物理学に革命が進行している時代だったので、現代物理学にも好奇心を抱き、それらを独学で学んでいるうちに、そこで使われている数学に興味が向きはじめたという。学校の勉強にはほとんど関心がなかった。

一方で、文学にも心を向けはじめる。トルストイの『神父セルギイ』を読んだのがきっかけであった。読むまえと読んだあとで人間の考え方を変えてしまう体験は、遠山にとって衝撃的であった。それ以来、濫読癖に陥り、生来の凝り性から、トルストイ、ドストエフスキー、イプセンなどなど名のある作家は片っぱしから読んでいった。詩心にもとらえられ、自分でも作詩し、その苦労を楽しんでもいた。ブレイクの詩「虎」の魅力については何度もエッセイの題材にしている。ちなみに、遠山は知る人ぞ知るバルザックの理解者だが、バルザックに熱中するのは三十歳を過ぎて『幻滅』に出会ってからである。

哲学にも関心が強く、前出の友人・永吉は「その抜群の哲学的な思考力をもって、真理への愛に存分の熱情を注いでいた」と書く。スポーツも酒も読書もいっしょに楽しんだという。
三年生のころ、図書館でカジョリの『方程式論の現代的入門』に出会って数学にめざめる。微分積分までしか知らなかった遠山は、そのなかにある「群」の理論にすっかりとりこになる。ひどく難解であったが、それだけに魅力があり、それを機に大学で数学を専攻する決心をする。

毎日毎日、自分が一センチぐらい背がのびていくような気がする時代だった。こういう時代は、その後、もうやってこなかった。昆虫が変態するときには、全組織がいちど液体のようになる瞬間があるそうだが、人間の成長過程にも、そういう瞬間があるのではなかろうか。（中略）私もファウストのように魔女の薬をのんで若がえることができたら、三年間の高校生活だけは、もういちどくりかえしてみたいと思っている。——「液体になる瞬間」1959

3 六年間のまわり道

東大への失望と学問への欲求と

遠山は一九二九（昭和四）年に東京帝国大学（現・東京大学）の理学部数学科に進学する。じつは高校三年の三学期に運悪く腸チフスを患い、卒業試験が受けられず、「大学に合格したら」という条件で高校は卒業した。

遠山は「幼年時代から青年時代まで、自分は日本という国に生まれて運が悪かった、と思いつづけながらすごしてきた」と述懐している。「日本の社会というものに絶望していたので、社会や人間ともっとも縁の薄い数学だったらやれるかもしれない」と考え、また「数学という学問は、証明さえしてしまえば、百万千万の人間が否定してもびくともしないという小気味よさをもっていることが魅力でもあった」と書く（『水源に向かって歩く』）。それが数学を専攻した動機のひとつでもあった。

ところが、大学に入ったとたんに幻滅を感じてしまう。深遠な講義を期待していたら、直線の追跡などという計算練習ばかりをやらされる。期待にくらべ、あまりに貧困な講義をする教授がいて、すっかり嫌気がさしてしまう。そこで、講義にはでず、家で好きな本ばかりを読んで過ごすことになる。

遠山の読書好きは生涯にわたって徹底しているが、このころもたいへんな読書家だった。とくにトルストイやゲーテに傾倒していた。トルストイの「雪嵐」には余白に「静かさを示すのには、微かな音のことを述べるとよくわかる」という書きこみが残っている。

哲学への関心も続いていて、カントをはじめ西洋の哲学書のほか、友人たちとの『フォイエルバッハ論』（マルクス）や『唯物論と経験的批判論』『哲学ノート』（レーニン）などの読書会に出席していた。「世界を解釈するよりも、世界をじっさいに変革することが重要である」というマルクスの言葉を評価していたし、「レーニンには論敵を憐れんでいるところがある」と笑っていたが、学内にあった植民地解放や戦争準備反対などの左翼運動には参加しなかった。むしろ、そうした闘志は静かに醸成され、後年、教育の改革運動を起こしてから爆発する。

東洋の禅宗にも関心を寄せ、雪峰義存の語録や雲門文偃の問答をおもしろがり、『臨済録』の「随所に主となれば、立処みな真なり」を好んでいた。これも後年の活動の下地ではないだろうか。

ドロップアウト

東京帝大でのひとりの教授との不運な出会いが、遠山の青春を決定づけることになる。

S教授の判がないと卒業できないと先輩から注意を受けていたのに、遠山はそのS教授の不興を買ってしまう。講義のレベルの低さや不意打ちの試験、出席を単位の条件にすることなどに嫌気がさしていたところ、出題を教授が教えたのとは違う独自の方法で解いてしまい、それがついに教授の感情を害したらしい。結果、あれほど好きだった数学を放りだし、東大には二年ほどかよって一九三〇（昭和五）年には自主退学してしまう。ただし退学届はS教授の定年退職を見届けてから提出し、書類上は在学年限六年の満期退学（一九三五〈昭和十〉年）である。

退学の挨拶と報告に、尊敬する高木貞治教授を訪問したところ、「腕力（計算力）だけはつけておきなさい」と諭される。自主退学後は、高木の教えもあり、ポーヤとセゲー（いずれも数学者）のむずかしい問題集に挑戦して、力を養っていた。

後年、遠山はこの退学をやや美化して語っていたが、じっさいは逡巡のすえであった。そのあたりの事情を遠山は、友人の永吉吾郎にあてた手紙（一九三四年十月十六日付）のなかで、「学校のことで面倒なことがあって、色々うるさかったが、矢張、止めるより他に道がないらしい。唯一人の感情を害したことが、こうも祟るものかと思った。もっとも勉強のほうはそれと無関係にやっているから差支えはないが」と綴っている（永吉吾郎「わが友・遠山啓」）。

このドロップアウトをどう考えるか。後年、人間の生き方として、とくに青春のあり方として、また、教育という営みとして、これが大きなテーマになる。十五年後の日記には、回顧してこうある。四月に博士号を取得し、教授に昇格した年の日記である。

自分が若いときに決定的なつまずきを経験したことは、一生の長さから見れば、まことに幸福であった。それ以後、自分の努力は求心的に「飯が食えるようになる」ことにあった。自分の弱点である努力の分散を避け、努力を集中した。この打撃が空想的・非現実的な自分をいちじるしくリアリストに変化させた。いま、やっと学問で飯が食えるところまでたどり着いた。今後の努力は、さらに一馬身だけ駆け抜けることである。この努力は経済的な活動（本を書く）と並行的に行なう必要がある。——1949.9.12

数学との再会、ふたたび大学へ

遠山が自主退学を決心した一九三〇（昭和五）年ごろ、満州では関東軍が暴走を始めていた。この五年ほどまえに制定された治安維持法によって、学生がマルクス主義の思想を学び、社会主義・共産主義の政治運動に参加することはきびしく禁じられていた。地下活動を続ける共産党が「天皇制打倒」「帝国主義反対」のスローガンを掲げるようになり、一九三三（昭和八）年には京都帝国大学で滝川事件（学問および思想の自由を弾圧する事件）も起きている。

思想界では唯物論研究会が創立され、マルクス主義が全盛を迎え、他方では、マックス・シェーラーの人間学や、エトムント・フッサールの現象学の潮流があり、マルティン・ハイデッカーの『存在と時間』がすでに紹介されていた。遠山はのちに「若いころは精神的に隠遁者だった」と書くが、そうはいっても政治に敏感な環境で育ち、哲学に関心が強かったので、とうてい無関心だったとは思われない。しかし、遠山自身はそのあたりの事情をほとんど話したことがなかったし、文章にも残していない。

折しも大不況の時代、不景気と就職難のまったただなかであったが、物価は安く、アルバイトをすれば、なんとか生活はできた。大学を辞めてからは翻訳や家庭教師で窮乏生活をつなぎ、文学や哲学にますます没頭。当時の日本にはまだ翻訳文化が育っていなかったため、ブレイクは英語で、ゲーテはドイツ語で、バルザックはフランス語で、チェーホフやトルストイは英訳で読んでいたらしい。ロシア語も、少なくとも数学書は原書で読んでいた。
社会科学の読書会の一方で、物理や化学を専攻している友人たちと量子論や相対性理論の研究会をやっていて、それがきっかけでワイルの『群論と量子力学』（原書初版本）と出会う。おそろしく不親切な本で、「クルミをかじっているように難解」と表現している。遠山は意地になり、一年ちかくかけて挑戦する。

群の表現論をスペクトルの構造や化合の理論に応用しているその着想の卓抜さに魅せられたばかりか、原子の内部にある法則の深遠さに驚嘆した。そうしているうちに、もういちど数学をやってみようという気になってきた。——「数学との再会」1971

数学との再会である。もういちど数学をやる気になった遠山は、当時もっとも自由な雰囲気のあった東北帝国大学（現・東北大学）を選んで、ふたたび大学を受験する。その受験の直後、友人の永吉にこんな手紙を送っている。

今朝仙台から帰って来た。試験は出来た。又学生になるわけだが、ちと憂鬱だ。しかし東北大学の所在地は閑静ないい所だ。三年間で何かまとまった仕事をやり遂げようと考えているが（後略）。——永吉吾郎「わが友・遠山啓」

戦時と将棋

一九三五（昭和十）年、東北帝大の理学部数学科に入学し、代数学を専攻する。しかし、「講義にでるよりクラブで将棋をさしていた時間のほうが多かった」という。

遠山は小学校にあがるまえから将棋に興味があり、大学で講師をしていた叔父は無類の将棋好きで、東京にでてきてからの好敵手だった。中学・高校ではそれほどでもなかったが、東北帝大に入ってからは「凝る」といっていいほど将棋に夢中になる。二・二六事件や日中戦争がつぎつぎに起こって、世の中は日ましに暗くなり、遠山にとっては、将棋くらいがせめておもしろいことだった。囲碁が陣地をとりあうのにくらべて、将棋は一手で形勢が逆転する。この一点突破が遠山の気質にあっていた。

学生クラブに毎日のように入り浸り、試験にまにあわず単位を棒に振ったこともある。それでも最少単位数で卒業させてもらえたのだから、そのころの東北帝大はのんびりしていて、自由な雰囲気の大学であった。三年間かよい、卒業のときは代数学・微積分学の権威であった藤原松三郎（ふじわらまつさぶろう）についた。

大学卒業までだいぶまわり道をしたが、後年、教育運動のなかで学歴無用論を唱えたのは、青年期のこの実体験によるのであろう。

まっすぐいったら二十二歳で卒業するところを二十八歳で卒業したのだから、六年間のまわり道をしたことになる。

その六年間に多くのものを失った。外面的にはたしかにそうであった。しかし、内面的にはいくつかのものを得たように思う。第一に、学歴というレールを脱線しても、そうあわてるにおよばない、なんとかなる、という一種の度胸のようなものができたことである。第二に、学校というものを冷静にながめるようになった、ということである。これは教師として学校で生活するようになってからもずいぶん役にたった。——「学校と私」1976

遠山は晩年、学校不適応児を擁護するが、その源泉は子ども時代の学校体験にある。

（線路づたいに歩くとき）いつも感じた不便さは、自分の足のコンパスと枕木の幅がちがうことであった。一本ずつ枕木を踏みながら歩こうとすると、短すぎる。一本おきに踏んで歩くと、長すぎる。だから、ひどく神経を使うし、すぐ疲れてしまう。

おなじような感情を私はいつも学校に対してもちつづけてきた。先生がちょっとおもしろいことをいうと、それがきっかけになって、つぎからつぎへと自分の空想が発展していき、それを追いかけていくことに夢中になり、とめどもなく脱線してしまう。先生の話は、もう頭にはいらなくなる。私はいつもそうであった。興味のないことはぜんぜんやらないので、学校の進度から遅れてしまう。学校とはどうもテンポがあわない。私のような子どもは一クラスに一人や二人はかならずいるような気がするのだ。そういう規格はずれの「学校不適応児」だけを収容する学校ができたらいいだろうと思っている。

——同前(要約)

大学卒業前の一九三七(昭和十二)年の八月に北條ユリ子(当時二十歳)と結婚。遠山が下宿していた家主の娘である。遠山は二十八歳、卒業直前の学生結婚であった。

晩年の日記に「百合子と近くを散歩する」というメモが随所にでてくる。とくに伊豆高原の別荘に滞在しているときは、ほとんど毎日である。夫人が別荘に先行しているときなどは「(妻が)未亡人と思われる」といって仕事をさっさと切りあげ、あとを追いかけることがたびたびあった。明治男らしく亭主関白であったが、夫人にやさしくもあった。日記には「ユリ子」を「百合子」と書くことが多い。

第2章 先駆的な数学研究への情熱
一九四〇年代（三十歳代）

敗戦のまえまでは数学研究をもっぱらとしていて、世俗からも離れた隠遁者だった。吉本隆明（よしもとたかあき）や奥野健男（おくのたけお）も聴講していた敗戦直後の自主講座「量子論の数学的基礎」は語り草。一九四九（昭和二十四）年に「代数関数の非アーベル的理論」で理学博士。研究の一方、学内行政や民主化運動にもたずさわった。遠山研究室は「梁山泊（りょうざんぱく）」とも評され、若手の学者や学生のたまり場だった。

1 敗戦と学問

世情から隠遁し、数学研究に没頭

一九三八（昭和十三）年、東北帝国大学を卒業すると、横須賀の海軍航空隊に数学教官として赴任し、神奈川県・逗子町に住む。翌年、霞ヶ浦に転任して千葉県・柏町に移住する。軍靴が戦争へと足早に行進していた。

遠山が海軍に就職した翌年、ドイツがポーランドに侵攻し、第二次世界大戦が始まった。一九四一（昭和十六）年には日本が真珠湾を攻撃して太平洋戦争が勃発。軍国化が日に日に強化されてゆく。そんな戦争と軍国化のもとで、遠山は世情から隠遁して代数関数の研究に没頭していた。一九四〇（昭和十五）年に「微分方程式における一不等式」（『東北数学雑誌』）、一九四三（昭和十八）年には「超アーベル函数論について」（『帝国学士院紀事』）などを寄稿している。

コピー機などなかった時代、大事な文献はすべて手書きで筆写したが、当時、遠山がつくった外国語の数学論文ノートも残されている。その日付には敗戦間近の一九四五（昭和二十）年二月二十七日と三月二十一日とある。三月十日の東京大空襲の前後である。

遠山にとって海軍というのはまったく不本意な職場で、軍服をいっさい着ずに背広で通すのが遠山の意地である。毎年、序列は新年会の席順で決まり、後輩が自分を通りこして上席に座るのが屈辱的だったという。後年、「このときの体験が競争原理批判の原点になっている」と、伊ケ崎暁生（教育学者）は遠山から聞いている。とはいえ、晩年、教育改革運動を進める遠山にはどこか楽観主義的な精神があったように、この不遇の時代も、それなりにやりすごしていたのかもしれない。

同じ教官でありながら、武官の文官に対する高圧的な態度が気に入らず、ある武官の同輩へのあまりの横暴に、遠山の正義感が我慢の限界を超えた。みずからケンカを買ってでて、武官をやっつけてしまい、一九四四（昭和十九）年に退職することになる。「戦時中のことではあるし、海軍のほうからやめさせてくれることは考えられない時代にやめることができたのは、結果として最良であった」と永吉吾郎に述懐している。「彼の権威に屈しない反骨精神が躍如としている。西南の役で西郷軍に加担した彼の祖父の血が流れていたのだろう」（「わが友・遠山啓」）と永吉はいう。

八月十五日の解放感

一九四四（昭和十九）年に海軍を辞職したあと、理化学研究所でのアルバイトを経て、同年に東京工業大学の助教授に就任する。畏友・早川康弌（数学者）の紹介であった。

一九四五（昭和二十）年夏、敗戦。遠山は戦争に勝つなどとは一度も考えたことがなかった。大本営が発表する戦況の戦艦や兵隊の数がだんだん少なくなっていくのに気づいて、敗戦が間近であることを予感していた。勤労動員の学生を連れて長野県飯田にいた遠山は、「八月十五日の天皇の放送を聞いたときは、ただくるべきものがきたという感じしかなかった」という。

> 自分の心の奥底にも悲しいとか口惜しいとかという感情がひとかけらでもないかとさがしてみたが、そんなものはひとかけらもなかった。解放感と、いうにいわれぬ安心感でいっぱいだった。（中略）イカモノくさい奴らが、ある期間、あばれまわっていたのが、ついに

平凡な道理のまえに力つきて打ち倒されたということは、傾いてゆれ動いていた天秤が平衡状態にもどったのを目撃したときのような、静かな安心感をあたえてくれた。（中略）いまから考えると、敗戦まで、私は精神的には隠遁者だった。そのことをいわないと、八月十五日に私の経験した解放感と安心感は理解してもらえないだろう。戦後民主主義は虚妄だなどといとも手軽にきめつける人があるが、私はそんなことばには同感できないのだ。敗戦は急激な転換をもたらしはしなかったが、ごくゆっくりと、人間に背を向けていた私の精神を人間のほうに向け変えていった。——「水源に向かって歩く」1976

伝説の自主講義

敗戦直後、学生たちが勤労動員から帰ってきた。彼らは講義に飢えていた。荒涼とした東京工大の教室で、遠山が敢然とおこなった自主講義「量子論の数学的基礎」を学生として聴講した吉本隆明は、当時を偲びながら追悼文につぎのように書いている。

つぎつぎに繰りひろげられる抽象的な代数概念が、いままで思い込んでいた数学とまったく異っていた驚異ももちろんあった。また薄い膜をつぎつぎに剝いでゆくように、それまで難解におもわれた化学結合の量子論的な扱いが、軽く容易なものにおもわれてくる興奮もあった。けれど、もっと大きいのは遠山さんの淡々とした口調の背後に感得されるひとつの〈精神の匂い〉のようなものの魅惑であった。ほかは空洞のように静かになった学校のその西日のあたる教場で、ああ、これが学問ということなのだな、とはじめて感じていた。（中略）わたしに〈学問〉を学校の講義で感じさせたのは遠山さんがただ一人であった。

――吉本隆明「遠山啓さんのこと」1979

荒涼とした大学と知に飢えていた学生たち。それに全身で応えようとする遠山。吉本はさらにこう書く。

講義の内容は切れ味の軽快さよりも抜群の重味を、整合性よりも構想力の強さを背後に感じさせるようなものであり、このような印象は、あるひとつの対象を理解するために不必要なほどの迂回路をとおって到達した証拠であるように思われた。もっと別の言葉でいえば対象を否定し嫌悪したものがその対象にむかって独力で到達したときのもどかしさと力強さとのふたつが結びついていた。（中略）

〈自主講義は〉敗戦とはなにか、大学とはなにか、そして〈学問〉とはいったいなにかについて確乎とした構想をもち、それを公開するだけの気力と蓄積とをこの学校の小使いさんのような詰め襟すがたの壮年の教師が内包していることを意味していた。そしてもっと潜在的な領域にまで拡大すれば、無権力の混沌とした敗戦期に、ただひとり何をなすべきか

をじぶんの事実世界の場所から心得ている人間がいることを意味したのである。――同前

単位などない無償の自主講義には毎回二百名ちかくの学生が集まった。しぜんと熱がこもって、三時間、四時間ぶっつづけの講義となった。「生涯で最高の講義であった」と遠山は述懐している。

その教室には学生だった奥野健男（文芸評論家）もいた。その後、吉本と奥野は遠山宅をしばしば訪問し、文学談義を嬉々として交わす。遠山が東京工大を定年退職したあとも、二人は遠山を囲んで、師弟として、文学仲間として定期的に食事会をもっている。遠山は「吉本も奥野も東京工大が生んだわけではない。彼らがまちがって入ってきたのだ」と笑っていた。

大学では講義ノートを持たず、チョーク一本で黒板に向かい、つねに明解で流暢な講義をおこなう遠山は、かたや学内をスリッパで平然と歩き、「あのスリッパの先生」でとおってもいた。学内の研究予算が削られたことに憤慨したときには、そのチョークさえ持たずに講義に臨み、「予算がなくてチョークが買えない」と板書をおこなわず、困りはてた学生に予算要求をさせたというエピソードもある。

2 研究への没頭

若く多産な数学者

東京工大に就職したころ、遠山は研究一筋の若き数学者であった。そのあたりの事情を斎藤利弥（数学者）の文章から見てみよう。

あの頃の遠山さんは、アンドレ・ヴェィイユという有名な数学者が一九三八年に発表した論文「アーベル関数の一般化について」に夢中になっていた。ヴェィイユがこの中で基礎を作りあげた理論をさらに深く発展させることが遠山さんの狙いで、その成果は着々とあがっており、中間報告的な短い論文が次から次へと書かれていった。そして、それらの成果が一応の体系をなした一九四九（昭和二十四）年、遠山さんはそれをまとめて「代数関数の非アーベル的理論について」と題する長い論文を完成した。これが遠山さんの学位論文である。当時の遠山さんは若々しく、多産な数学者であった。——斎藤利弥「30年前」1980

斎藤によると、遠山は「解析学の黄金時代であった十九世紀の数学精神の正統的な継承者であり、同時に、職人芸といってもよいほどの達者なテクニックの持ち主であった」（同前）という。東大を退学したときに高木貞治にいわれた「腕力（計算力）はつけておけ」という諭しを、遠山は守りつづけたのであろうか。

遠山について語った、数学者による座談会にはこんなくだりがある。

斎藤利弥――あの人の専門というのは何でしょうかね。数論なの？　代数関数論ですか？　論文はほとんど代数関数論でしょ。ちょっとああいう人はいないんじゃないですか。すごいテクニシャンだから。学位論文もすごいよ。リチャード・ベルマンという人がレビューしているのを見ても、たしか highly technical とかと書いてあった。

清水達雄――大変難しい論文だそうですね。

斎藤――とにかく問題がものすごく面倒ください。アンドレ・ヴェイユが大枠を創ったわけで、普通のアーベル積分を使うとベッチ群の表現ができるが、あれは基本群の表現をするわけ。だから非可換な表現で、n次元のベクトルをベースにしてやるわけだけれども、アーベル積分からアーベル関数を作ったのをまねして、非アーベル表現のほうのヤツからアーベル関数にあたるヤツ、つまり超アーベル関数を作るとなにになるかという話でしょ。遠山さんは非常に詳しく調べているんですね。すごいテクニックですよ。

銀林浩――森毅さんなんか、あれだけ十九世紀的計算を知っている人は、いまはもうほとんどいないんじゃないかというんですね。そういう点では非常に貴重なものがある。

斎藤――遠山さんのバックグラウンドはやっぱり解析屋だと思うんです。代数関数論は、いまは完全に代数化されちゃったけれども、もともとはアナリシスなんですよ、十九世紀のころの。

清水――遠山先生のお仕事について聞いていると、だんだん何か面白そうな感じがしてくるね。あの人らしいような、何か面白い数学の夢があるような気がする。

斎藤――誰も前にやった人はいないし、あとにもいない。完全に孤立した業績ですよね。

清水――だから、偉大な業績なんです。

――座談会「遠山啓先生の数学観」1980(要約)

ヴェイユとは手紙の交換もしていて、ヴェイユからは「貴下が、私の理論にこれほどの時間と労力とを費やされたことは、私をたいへん喜ばせる」とあった。一九五五(昭和三十)年に代数的整数論国際会議のため来日したさいには面会もしている。

論文審査にかかわった淡中忠郎(たんなかただお)(数学者)によると、未発表の研究を一度に提出されたことと、当時、重要ではあったがポピュラーなテーマではなかったため、半年あまりかけて質疑応答し、判断したという。一九四九(昭和二十四)年二月四日に東北大学で学位の授与式がおこなわれ、同年三月三十一日に東京工大の教授に昇格した。奇しくも湯川秀樹が日本人初のノーベル賞を受賞した年である。

岩澤理論の創始者で、整数論の世界的な権威・岩澤健吉(いわさわけんきち)は「遠山啓教授の数学的業績」と題する文章を寄せている。一部を紹介する。

> 遠山教授が非アーベル的理論の研究を始められた一九四〇年代の初頭には、そのほとんどが未知の領域であったわけです。そうした時点において、いち早くWeilの論文に着目し、非アーベル的数学の重要性を認識して、戦争中から戦後へかけての困難な時期に際して立派な研究を成し遂げられた遠山教授の御見識と御努力とに対し、衷心より敬意を表します。
>
> ——岩澤健吉「遠山啓教授の数学的業績」1980

非アーベル的数学はヴェイユの仕事を出発点とするが、遠山の研究はまさにその先駆的な仕事であった。

数学研究への情熱

学位論文を仕上げる寸前の日記には、鬼気迫る遠山の決意がみえる。

> 最近、着想の方向が少し乱調になる傾向がある。少しく統制の必要がある。青年時代の空

白時代のハンディキャップが、いま、やっと鎮められたような気がする。少なくともあと三十年の寿命が欲しい。余の如き晩熟者は長生きを心がけねばならぬ。余の大規模な研究方法が最近ようやく実効を収め来ったようだ。この方法をますます力強く展開せしめるには哲学の研究が不可欠である。方法論の石女のような哲学ではなく、真に生産促進的な哲学が。——1948.10.17

斎藤利弥によると、当時の遠山はリーマン面のモジュラスやゼータフックス関数などに関心が強く、「美しく完成した理論である代数関数論に新しい一石を投じて波紋を起こそうという野心が遠山さんの心の中に巣食っていたようである。学位論文は、その野心の一つの表現であった」(「30年前」)という。

遠山は気負っていた。当時の日記にも「学位を取った後も研究活動は一刻も緩めてはならぬ。まず英訳を完成し、アメリカに送ること。これは至上命令である」とある。次女は、そのころの父親を「散歩に連れていってはくれるんですが、自分のペースで歩き、しかも歩きながら数式ばかりを考えていた」と笑う。とくに一九四八年(昭和二十三)年と四九年の日記には、数式の展開メモが随所に書かれている。

学位論文の執筆中に、こんな決意もみずからに課していた。

ライプニッツに非常な興味を覚える。ライプニッツの研究は多くの刺激を与えることがわかる。すべての余暇はこの大哲学者の研究に捧げてやろう。現代数学のはっきりした予見があるのには驚く。ライプニッツに対する激しい興味は、自己自身の内に起こっている変化の現われである。それはもっぱら求心的であったいままでの傾向が遠心的となったことでもある。——1948.12.24

遠山が遺した蔵書にはライプニッツの著作がいちばん多かったが、数学者というよりも思想家としてライプニッツを信奉し、日記にも生涯にわたって頻繁に登場する。そんな遠山の、研究をめぐる自戒をこめた言葉を日記から拾ってみる。学位を取得した前後には随所にある。

• 我々の運命には平安はない。そのような時代に我々は生まれ合わせている。時代の三角波によって沈没しないだけの強さを我々は蓄積することを怠ってはならない。学者が学問を失うことは、蟹がハサミを失うことに等しい。いかなる体制の社会でも生存競争は必至である。絶えざる蓄積、一日も休むことのない蓄積を怠ってはならない。正動のなかにも反動あり、反動のなかにも正動あり。レッテルに幻惑されてはならない。過去の蓄積のうえに枕して眠りこけていた者の運命を我々はあり余るほど見ているのだ。決勝点の近くで馬力をかけても間に合わないのだ。——1949.7.20

・どうしても、もう一つ大きな仕事をする必要がある。hyperabelianにとりかかった一九四三年と同じ勇気で整数論に立ち向かう。まず淡中氏の本をマスターすること。——1949.8.4

・我々の年齢は学者として一つの危機である。気の緩みがでて、ついにスランプに陥るのだ。スランプのときは歴史研究で空転を防がなければならぬ。歴史研究ではつねにノートを作りつつ、読むことを忘れてはならぬ。——1949.8.15

この一九四九（昭和二十四）年ころ、遠山はクロード・シュヴァレー、アンドレ・ヴェイユ、ヘルマン・ワイル、セゲー・ガーボン、ポーヤ・ジェルジ、レフ・ポントリャーギン、マルセル・グロスマンなどそうそうたる数学者たちとの文通を考えていたらしい。日記にそうした記述がある。

遠山が遺した著作は多岐にわたるが、数学のテキストをもっと書き残してほしかったという声が多くある。森毅は「フルビッツあたりの古典代数を知り、それをネター以後の現代代数と結合させることの可能な、遠山にしかできないことを書いてほしかったのだ。残念ながら、その注文に応えてもらう前に、彼は死んだ」と惜しんだ（「異説遠山啓伝」1980）。

3　戦後の民主化運動のなかで

戦略家・戦術家

遠山は学位論文をまとめる一方で、東京工大・数学教室の人事をめぐって、ある人物を念頭に、秘かに、しかし、激しく抗争を挑んでいた。その闘い方を日記から拾ってみよう。

> 現在の作戦としては一手違いで生き延びることに全力をつくし、十分の力を蓄えて後、二、三年後に反撃に転ずる。彼以外の彼の一派とは極力、友好的であること。バカの真似をして彼の破綻を見守ること。全精力を内に向け、実力の充実に精進すること。——1948.10.5

その続きに「彼のような人物は、便所の隅につるした木炭と同じように臭気止めの役割を演じ、引き立て役の役割となる」という激しい記述もある。

遠山は海軍の助教授だった時代にもたった一人で闘ったので、それにくらべれば有利ではあるが、その有利さが危険でもあると自戒し、さらに、相手がいかに自分を誤解しているかを冷静に分析したうえで、なにくわぬ顔で闘いを進めていく。

- 態度決定をなす。いよいよ戦闘開始。戦は五分五分であろう。しかし、最後には収拾の道をつけておくこと。——1948.11.19
- 攻撃に対する反撃手段を考える。反撃は相当複雑な戦術を要する。もちろん最悪な場合に対する覚悟が必要である。——1948.11.23
- 後手を耐え忍ぶこと、しかも、先手をとる機会を見逃してはならぬ。——1948.12.3
- 決定的な優位を獲得するまでは、学校の人事には傍観的であること。——1949.8.16
- 助教授問題で一撃を加えておく必要がある。一挙に主任的な地位から引き下ろすより、第一段階として平衡状態に持ってきてからやった方がよさそうである。彼に尻尾を振っている連中が見放すだろう。——1950.1.4

いつごろの話であるかは定かでないが、教授会で右翼的な発言がとびだしたとき、「ボクは右の耳が悪いので、右の意見は聞こえない」と平然としていたというエピソードもある。遠山は子どものころに患ったおたふくかぜの後遺症で、たしかに右の耳は難聴であった。

一九六〇年代、遠山は数学教育の改革運動を起こし、展開するが、運動の仲間には、「遠山はどんなに小さな批判でも徹底的に反論する」という流儀で知られていた。遠山には「組織破壊を企む挑発者」（1962／著作集『数学教育の改革運動』所収）や冊子『いわれなき非難にこたえる』など、戦略・戦術をめぐる原稿もある。

大学の民主化運動のなかで

戦後、政治とからむ複雑怪奇な事件がつぎつぎと起き、社会不安が広がっていた。一九四五（昭和二十）年に東宝争議が始まり、一九四九年には下山・三鷹・松川事件、一九五〇年にはレッドパージ、イールズ事件が起こり、朝鮮戦争が勃発。そして、サンフランシスコ講和条約（一九五一年）、メーデー事件（一九五二年）、原水禁署名運動（一九五四年）、砂川闘争（一九五五年）へとつながっていく。これらの政治的・社会的な事件は、まさに六〇年安保体制への入り口であったが、それに抗うエネルギーも市民や大学のなかに満ちあふれていた。

遠山は民科（民主主義科学者協会）に所属していて、一九四九（昭和二十四）年に東京工大班をつくり、その看板を自分の研究室に掲げていた。大学法案（国立学校設置法）に反対するために学内を動きまわり、教職員組合の活動にも積極的にかかわっていく。同年の秋には委員長に推される。大衆的な集会の作為性や定員数に達しない組合大会に批判的で、本意ではなかったが、これも人間的修業と自分にいいきかせ、ひきうけた。日記にこんな記述がある。

――つねに全局と局所の関連に注意し、なによりあくまで徹底的に冷静でなければならぬ。感

――情的になることですべての勝機が失われる。大衆的な集会はやはり一つの芝居である。一つの生きものである。個人よりも次元の高い有機体である。――1949.11.20

一九五二（昭和二十七）年、メーデー事件をめぐって、学生の処分が教授会で可決されるという問題が起きた。遠山はそのときも、四月から九月の半年間であったが教職員組合の委員長職にあり、その後におこなわれた団交のさい、三十分にわたって発言し、「今回の抗議行動は学友会と教職員組合の共同主催である。学生だけが処分されるのは片手落ちである。学生を処分するなら、教育的効果を考えて私も処分していただきたい」と結んだ。この提案以降、良識派の巻き返しに困りはてた大学当局は、「和田小六学長の逝去による恩赦」という名目で処分を取り消す。和田小六は東京工大の名学長と謳われていた。

同年の破防法（破壊活動防止法）に反対する学生と教職員合同のストライキ闘争のさいにも、遠山は、この法律がもつ危険な意味を一時間にわたって明解に解説した。

当時、和田学長のもとで、東京工大には大局観のある学生を育てることを目標にリベラルアーツを重視する学風があり、それにふさわしい教授陣をそろえてもいたので、「人間の全体性に関心の強い遠山さんには住み心地の良い職場だったのではないか」と、後輩にして同僚であった道家達将（科学史家）は追憶する。

その一方で、大学は激しいレッドパージ旋風下にあり、遠山は「まちがいなく解雇される」

と覚悟していて、文筆業で身を立てることを考えていた。執筆活動の強化をみずからに課し、自主的にテーマを決め、文章修業に励んでいた。毎日、四百字詰め原稿用紙五枚を目標にし、多い日には二十枚、三十枚の試作を猛烈な勢いで書きためていく。

遠山はマルクスやレーニンに共感をもってはいたが、このころの日記にはスターリンや毛沢東などの社会主義者・共産主義者、ソ連・中国の社会主義体制、日本の共産主義者と共産党に向けてのきびしい批判が書かれている。「社会主義における階級の発生」「弁証法における量質転化」「労働における技術の価値」などには強い関心を抱いていた。とくに人間を経済的存在としてしか見ないマルクスの生産力理論には手きびしかった。

遠山は人間の主体性に厳密で、窮乏化革命論についても、「客観的にはその通りだが、裏側では人間を静的に観る禁欲主義である。欲望そのものが拡大再生産されるという観点をまったく欠いている」（1961.8.7）と日記に書いている。

遠山梁山泊

遠山研究室は、その初期（一九五〇年代前半）には「梁山泊（りょうざんぱく）」と呼ばれていた。とにかくいろいろな人間がやってきては勝手に集まり、勝手にしゃべり、それらが混在し、化合し、そして勝手に成長していった。二十二年間、遠山研の一員であった丸山滋弥（まるやましげや）（数学者）は、当時のことを「ほんとうに、いろいろな人物が遠山研に、職員、院生、学生としてやってきました。ノンポリもいたし、政治家もいた。すぐれたイデオローグもいたし、雷同派もいた。数学第一主義の人も、何にでも興味をもつ人も、おたがいに影響しあいながら、混在していました。数学を専門としない準遠山研みたいな人もいました」と書いている（「初期の遠山研究室」1980）。

遠山は、研究室では「元帥」と呼ばれていた。前職が海軍だったからであろうか。風貌がカラヤン（指揮者）似ともライシャワー（駐日米大使）似ともいわれたが、本人はカラヤン似は喜んだが、ライシャワー似には不機嫌だった。

遠山研は多彩であっただけに、さまざまな社会問題がもちこまれ、議論され、行動に参加する者もいた。自由な雰囲気のなかから人材を輩出し、多くの伝説も生まれた。

研究室の一人がメーデー事件に巻きこまれて指名手配されたときには、大学構内にかくまい、逃避計画を後押しした。その後、遠山が数学教室の教授として警視庁と折衝し、逮捕状を取り下げさせた。レッドパージ反対闘争で東大を退学になった若き数学研究者を大学院に招いたり、軽犯罪で逮捕された院生をもらい下げにいったりもした。その院生は学生運動への弾圧と勘違いして、三週間、黙秘を通したというオチもあり、話のタネはつきない。いずれもその後、名をなした数学者たちである。

教授会での遠山の発言態度を評して、東京工大で同僚であった鶴見俊輔（つるみしゅんすけ）（哲学者）が「遠山啓の発言は、その発言する態度がさわやかなことと、党派性、徒党性から自由な原則にたっていることのさわやかさもあって、心にのこっている」と追悼文に書いているが（「遠山啓の思い出」1981)、これもまた、遠山の真髄ではないだろうか。

一九五〇年代の後半から一九六〇年代にかけて、遠山は各種の検討委員や教育委員、運営委員など学内行政の仕事もにならようになる。だが、一九六六(昭和四十一)年に学長候補に推薦されたときには、「うっかりすると、当選するかもしれぬ。そうなったら困る。何とかせねばならぬ」(六月十五日)と日記に記している。東京工大は工学系の強い大学で、理学系は支持基盤が弱く、当選にはおよばなかった。

研究と著述の二足の草鞋

一九五〇(昭和二十五)年前後、四十歳を迎えた遠山は、数学研究と執筆活動という二足の草鞋(わらじ)をはっきりと意識していた。そんな文筆家としての修練をみずからに課す自問が日記に集中的に残されている。決意とも焦りともとれる。

- 自己のなかにある文筆的才能を眠らせていたのは馬鹿だった。ジャーナリスト的才能でもそれほど引けを取らぬつもりだ。——1949.10.2
- 執筆活動をいよいよ強化せねばならぬ。これなくして将来はない。思想過剰からようやく抜け出したようだ。のびのびとしてきた。抑えられていたものがなくなった感じ。岩波新書を早く書く必要がある。——1949.12.26

岩波新書への意欲は並々ならぬものがあり、このあと、『無限と連続』『数学入門』に関する準備の様子がたびたびでてくる。

- 今年は原稿執筆に全力を注ぐ必要がある。一日五枚平均くらいは書く必要あり。冬の間は暖房のためになかなかはかどらぬ。『現代数学の展望』(三百枚)『応用数学教程』(六百枚)『新制高校参考書』(六百枚)。 ——1950.1.16
- 着実な一刻一刻の努力と、仕事がこれから大切だ。自己を文筆家として鍛え上げること。これにはSachlichな長続きのする文体が必要だ。 ——1950.1.23
- 執筆活動とともに研究の種を拾い上げることに注意すること。 ——1950.1.30
- ウェルトハイマーの『生産的思考』を読む。大きな示唆を受ける。人間の知的能力は「開発の方法」によっては想像以上に偉大なものであろうと思う。これは自分のこれからの啓蒙的著作活動の大きな参考資料としておきたい。高度の心理作用に関する研究はまったく未開拓の宝庫である。証明できれば、もう、それで能事終われりとするような数学書が多すぎる。 ——1952.8.19

「依頼された原稿はすべて引き受ける。練習のために」という記述もあり、小・中学生を念頭においた数学書も企画し、その執筆に参加している。

だいぶあとの日記だが、一九六五（昭和四十）年の記述にはびっくりさせられる。

十五年前に教育運動を始めてから、じつに多くの原稿を書いた。計算してみると、だいたい次のようになっている。

単行本＝一万千枚／共著＝千枚／雑誌原稿＝三千枚／計＝一万五千枚

平均して一年間に千枚書いたことになっている。ここしばらくは過去に書いたものを読み返して欠陥を知り、将来に備えねばならない。これまでは依頼原稿が多く、したがって、集約しにくかったが、これからは自分自身の計画の一環として綿密な計画を立てたうえで書いていくことにしたい。——1965.6.12

大学定年後には、ひと月に六百枚書いたという記述もある。ちなみに、『無限と連続』（一九五二年）、『数学入門』（上巻＝一九五九年、下巻＝一九六〇年）は、その後の『現代数学対話』（一九六七年）とともにいまなおロングセラーを続けている（いずれも岩波新書）。

第3章 数学教育の改革運動へ

一九五〇年代（四十歳代）

数学教育協議会を結成し、数学教育の改革に着手する。当時の生活単元学習の非科学性を徹底的に批判し、系統学習の重要性をくり返し訴えた。それは遠山の数学研究から数学教育研究への大転進であった。生活単元学習は大幅な学力低下を招き、社会問題・政治問題化していたのである。

1　数学教育協議会の設立

素朴な親心が出発点

遠山は「教える」ことじたいは好きなほうだったが、「教育」という世界にある独特の雰囲気が好きになれず、遠ざけていた。そんな遠山が数学教育に関心をもちはじめたのは、わが子が受けている学校教育への不審が動機であった。

一九四八（昭和二十三）年ごろ、娘が学校から持ち帰るテストの点数が悪いので、夫人が思いあまって遠山に相談したところ、遠山も驚き、授業参観にいって、さらに驚く。娘本人も、「いま学校でやっているのは算数じゃない」という。遠山がのちに大批判を展開する生活単元学習との出会いである。

研究ばかりやっていて教育に無関心でよいのかという反省も生まれ、家庭人としての遠山は「まず近きより始めよ」と、子どものかよう学校に働きかける。PTA活動に積極的に参加し、算数講座や教育懇談会を開いて講師をしたり、地域活動にもかかわったりした。しかし、この目論見はかならずしも成功しなかった。このときの苦い経験が、のちに数学教育協議会（数教協）を結成する動機へとつながっていく。遠山の教育への接近は、教育をとおして政治や社会の改革をめざす大志や理論的な関心ではなく、あくまでも「わが子をなんとかしたい」という素朴な親心が出発点である。

このあと、遠山は数学教育の改革や、晩年には教育の全面的な改革をめざす市民運動を主宰するが、そのベースにはつねに個人としての「憤り」がある。わが子の嘆き・悲しみ・怒りを自分の嘆き・悲しみ・怒りとする、そうした私憤がまずあり、それを解決しようとする手探りが共感者をつくり、公憤へと高められていく。遠山はそうした姿勢を生涯にわたって貫くが、その原点はここにあった。

この時期、研究・教育・組合・PTA・執筆と多忙をきわめる日々であったため疲労もひどく、体調を崩すことがたびたびあった。

猛獣の眼から人間の眼へ

地域のPTA活動では学校改革はむずかしいと身にしみた遠山は、もっと大きな視点からの改革の必要を感じ、東京理科大学で開かれていた数学教育の研究会に参加する。生活単元学習に批判的だった遠山にとって、この研究会の内容は不満であった。しかし、そこで同志となる中谷太郎、黒田孝郎（ともに数学者）と出会う。このころの遠山は日本数学教育会（のちに学会）の存在さえも知らなかった。

遠山はこの研究会で、数学教育の重要性を考えさせられ、数学研究から数学教育研究へと軸足を移しはじめる。それを見た斎藤利弥は、「研究者というものは、数学の内側にもぐり込み、獲物をあさる猛獣の眼であたりを見まわしているものである」「遠山さんはあえて自分の猛獣の眼を捨て去ったのだ」（「30年前」）と書いている。また、娘は、そのころの父の変化を「理論家で、戯言などいわず、見るからに『数学者』という感じだったのが、人間的になった」とふり返る。

遠山は敗戦までの自身を「非人間的な数学を研究する精神的隠遁者」と位置づけているが、本格的に人間に向かって歩きはじめたのである。研究者としての転換といえるだろう。

数学教育協議会を結成する

当時、生活単元学習は大幅な学力低下を招いていた。一九五〇（昭和二十五）年の秋には生活単元学習の打倒を明確に掲げて全国的な研究会を立ち上げることを決める。翌春には、香取良範、黒田孝郎、山崎三郎と遠山とで小倉金之助（数学者・科学史家）を訪問して協力を要請し、助言を受けている。のちに遠山は小倉の数学観を批判的にとらえるようになるが、このときは小倉の数学教育への影響力を考えていた。

一九五一（昭和二十六）年四月十六日、第一回の研究会をもつ。そのため、この日を数学教育協議会の結成記念日としている。東京工大の遠山研究室と成蹊中学校（香取良範の勤務校）と池袋・道和中学校（椎名善夫の勤務校）を会場に隔週の土曜日に研究会をもち、学力低下の主因である生活単元学習を批判・検討し、近代科学の精神に沿う数学教育の創設を骨子とする数学教育協議会の設立趣意書をつくっていく。出発時の会員は十数名であった。

遠山は徹底的な内部討論にこだわった。理論上の対立はあいまいにして会員拡大に精力を使うタイプの組織の脆弱さを危惧していた。運動組織はなかよしクラブではない。人間的信頼は必要だが、それだけでは十分ではない。組織が大きくなれば、活字による意見交換に頼らざるをえず、組織を方向づける理論がどうしても必要である。遠山にして、それはビルディングを地上に安定させる基礎工事であった。

数教協は、発足から二年後の一九五三（昭和二十八）年に第一回の大会を法政大学で開き、設立趣意書と会則を採択。一九五五（昭和三十）年二月には『数学教室』（新評論社、のち国土社）を創刊する。その胎動期はまさに組織づくりの時期であった。

2 生活単元学習（新教育）への批判

生活単元学習の登場と批判

一九四七（昭和二十二）年に学習指導要領（試案）が告示されたが、それは戦後の教育の混乱を整理するためのもので、一九五一（昭和二十六）年には「新教育」として全面改訂される。それが「生活単元学習の学習指導要領」と呼ばれるものである。

この生活単元学習は、たとえば「お店ごっこ」「遠足」「身体検査」「銀行ごっこ」など子どもの身のまわりにある生活経験のひとまとまりをもってきて、それを子どもたちに経験させることによって知識や技能を習得させていく学習法である。そこでは各教科の背景にある数学・自然科学・社会科学など諸科学のもつ系統性は断ち切られる。

戦前の教育が子どもの自発性を尊重するどころか、その芽を双葉のうちに摘みとり、すべての子を従順な兵士に仕上げることを目的としていたのに対し、この学習法は子どもの興味や経験から出発し、つめこみを排斥し、子どもの自発性を最重要視していた。

その点ではたしかにすぐれた一面をもっていたし、算数教育においては、たとえそれがアメリカのある指導書を種本にして、アメリカ進駐軍が日本に押しつけ、日本の子どもたちを実験台にしたものであったとしても、軍国主義教育に批判的だった心ある教師たちにとっては救いでもあったので、熱烈な信奉者をえた。当時、生活単元学習は驚くべき勢いで戦後の教育界を風靡(ふうび)していく。

しかし、そうした教師たちの熱意にもかかわらず、生活単元学習は思わしい成果をあげられなかった。その破綻を遠山は、教育方法や教育をとりまく社会的な条件ではなく、もっと根本的な原因によるものと考え、背後にある経験哲学にまでさかのぼって考察し、つぎの三つに特徴づけて激しい批判を展開したのである。

❶—数理の体系を無視した生活体験主義

❷—生産を無視した消費生活中心の内容

❸—低い学力水準

遠山は新教育が唱える「子どもの自発性」ということを教育の基本的な営みとして評価しつつも、その手放しの自発性の尊重に、まず基本的な疑問をもった。意図的な働きかけなしに、子どもは自発的な力だけですべてを学ぶことができるか、つまり、「子どもの自発性への過度の信頼ではないか」という疑念である。また、新教育は「模倣と反復練習」を軽視していたが、遠山はそれにも批判的であった。

そして、教育のなかで「興味」という契機の重要性を強調したことは生活単元学習の功績と評価しつつも、興味には「生活的な興味」ばかりでなく「知的な興味」もあり、それをよびおこし、高めるためには教師の主導性が必要であるが、生活単元学習は教師の働きかけを軽視し、子どもの興味に追従してばかりいる——と批判する。

こうした遠山の主張（それは数教協の主張でもある）が最初に活字になったのは「生活単元学習への批判」（『教育』一九五三年八月号）という論争体で書かれた長大な論文で、遠山にとっても、戦後の教育界にとっても画期的な論文といわれている。その後、単行本に収録されたが（遠山編『新しい数学教室』新評論）、生活単元学習の理論的な誤りを徹底的に分析したもので、この本の出版以来、生活単元学習を無条件に主張する人はいなくなった。しかし、この批判はあくまでも生活単元学習に対する解毒剤であって、日本の数学教育を育てていくための栄養剤ではなかった。

生活単元学習と学力低下

「新教育」は戦前の軍国主義と超国家主義という危険な牙を抜きとる目的をもっていた。それゆえに、いわゆる進歩的といわれる人たちがこの教育を評価する風潮が強かったが、そのなかにあって遠山は、「生活単元学習は子どもたちを解放する半面、基礎学力をいちじるしく低下させる」と、その欠陥を痛烈に指摘する。とくに数学における学力の低下は明瞭であった。

第一に、生活経験というものは偶然的な要素の集まりであって、本来は何の系統もないために、数学のもつ系統性を乱してしまうおそれがある。数理がバラバラな形で子どもの頭の中に入ってしまって、基礎的な計算力もつかない。たし算だけとっても、あちこちでコマ切れのように現われるので、たいへん具合の悪いやり方である。

第二に、教育全体のなかで数学が不当に軽視されていて、時間数も文明国ではもっとも少なく、教育内容はいちじるしく低い。数学の軽視は隣接教科の理科などへの負の影響も大きい。

第三に、教科内容がいちじるしく消費的である。「生活に役立つ」という主張の、その生活は「買いもの」「貯金」「保険」「株式」などの消費生活にかぎられ、積極的にものを創りだす生産活動はすべて姿を消してしまっている。学習指導要領を作成するさい、参考にしたと思われるアメリカの指導書『算数をいかに意味づけるか』(ブリュックナー&グロスニックル著)がほとんど生産活動を考慮していないためであるが、くわえて種本にはあった、算数と理科との連関をのべた「自然の支配」という項目がけずりとられている。数学を生産活動とつなぐ理科との連関が断ち切られ、数学が生産活動からしめだされている。

――「学力低下の回復をはかれ」1955(要約)

ここで遠山が指摘する「生産活動が考慮されない教育」とは、独立した科学技術をもたせず、重要な工業製品は本国から輸入させるというアメリカによる植民地の教育施策である。こうして「占領軍によって引き下げられた学力水準を回復することはもはや国民的課題である」（同前）と、遠山は訴える。とくに数学教育は科学技術教育の基礎であることを考え、その仕事の重さを自覚するメモも日記に残されている。

生活単元学習がもつ「教える必要のないことを教えすぎる危険」と「教えなければならないことを教えない危険」を指摘して警鐘を鳴らすのであった。

ちなみに「教えたりないもの」の重要なひとつとして、遠山は科学的精神をあげる。ひとつの例として、無着成恭のつぎの言葉を引用してその大事さを説く。

「三角形の内角の和は二直角であるという真理は、友だちが描いた三角形でも、村長さんが描いた三角形でも、天皇陛下が描いた三角形でもみな同じであるということから、真理の前に万民は平等であることを教えられる」

科学教育の真の目的は個々の事実の記憶ではなく、その背後にある合理性のすばらしさ、さらにそれを発見し、その法則を使って生活を向上させられる人間のすばらしさの感動にまでつながっていなければならない――これが遠山の主張である。

3 生活単元学習の背景

経験主義

この生活単元学習が、ジョン・デューイ（アメリカの思想家）の経験主義に基礎をおくことは当時から広く知られていた。ヨーロッパの中世紀を長いあいだ支配していた神学の圧制と闘うために、その根拠である経典を論破するには人間の生々しい直接経験が強力な武器とならなければならなかったので、近世の経験主義は前向きな姿勢をもっていた。

しかし、現代の、日本の場合はどうだったか。遠山は一九六〇（昭和三十五）年に当時の動向をふり返り、整理する論文を書いている。そもそも「経験主義」という言葉の定義そのものが曖昧（あいまい）だとしたうえで、科学技術教育の立場から三つの特徴をあげて分析する。

❶抽象ぎらい――経験主義はいっさいの抽象を疑っているために、当時、抽象の典型ともいえる数学は縮小、ないしは追放の憂き目にあっていた。数学は科学技術教育の基礎であるにもかかわらず、とくに経験主義が台頭していたアメリカでは、微積分がハイ・ス

クールから排除されていた。それは明らかに学力低下を招き、そこにスプートニク・ショックという外部からの衝撃が与えられたのである。

❷系統ぎらい――経験主義は科学の特質であるところの系統性を軽視しているために、教科の教育を科学から切り離し、数学教育と数学、理科教育と自然科学を別ものとして位置づけた。だが、系統性の拒否は子どもの思考の法則性の否定に通ずるし、その立場にたてば、教育を科学として研究することが不可能となるだろう。科学は系統的であるにしても、一通りではなく多元的であるので、系統性を失うことなく、子どものもつ認識の法則性や発達の系統性に適応するように構成することは可能であるし、そう考えるべきである。

❸分析ぎらい――経験主義はまるごと認識することを専らとし、それにもとづく生活単元学習は、子どもの生活のなかから一つ一つの断面を切りとり、それらを内面的な連関なしに配列していく。そこでは全体をもっとも単純な要素に分析し、それをふたたび総合して組織された全体をつくりだしていくという科学の思考方法はまったく疎外されている。

――「抽象ぎらい、系統ぎらい、分析ぎらい」1960（要約）

しかし、「分析―総合」こそは、科学の普遍的な方法のひとつであるので、遠山はこの思考方法を強調して「分析学習」と「総合学習」の重要性を唱えたのであった。

戦後の科学技術の進歩はいちじるしい。その新しい生産様式を身につける力を育てるうえで、生活単元学習がもつ絶望的ともいえる欠陥を遠山は危惧し、数学のもつ系統性の重視を訴えた。「数学は分析的傾向がつよく、数学のなかで行なわれる総合学習はけっして完全なものではありえない。それらの学習は理科や技術科にひきつがれ、そのなかでいっそう大きな総合にまで仕上げられることが望ましい」（同前）といい、そうした意味でも、当時の遠山は科学技術教育の充実に期待していた。

ゲシュタルト心理学

遠山の批判は、生活単元学習のバックボーンとしてのゲシュタルト心理学にもおよぶ。この心理学も概念規定を曖昧にしたまま、研究対象の領域を無限に広げ、研究方法をあらゆる科学の普遍的な方法にまで無限定に拡大しようとしている。分析的方法を排撃し、全体構造だけを強調していて、「分析―総合」という二本足で立つ科学に対して、「全体」という一本足で立つので科学の土台とはなりえない――と手きびしい。

ゲシュタルト心理学は、ひとつの心理学ではある。しかし、心理学のすべてではない。心理学のなかからも批判があることや、さらにこの心理学とは決定的に対立する生理学者・パブロフによる批判も紹介して、「そうした心理学を数学教育の基礎として、数千万の日本の子どもたちを教える出発点とするには、さらに深い検討が必要であろう」と警鐘を鳴らしている（「数学と自然科学」1956）。

融合主義

遠山は、やはり生活単元学習の背景であったインテグレーション（融合主義）についても、その功と罪を吟味し、問題点を乗り越えるための提言をしている。これは、そもそもは十九世紀にイギリスから始まった教育運動である。

分析一辺倒の古い教育法を批判して、学習の総合性を主張したのがいわゆるインテグレーションの運動である。その限りにおいて、それは正しいものをもっていたと言える。それは、数学は数学、国語は国語という狭いワクの中に立てこもっていた分科主義を打ち破って、総合性を回復することに成功したのである。

数学の中にもワクがあった。数量をあつかう代数と図形をあつかう幾何である。たとえば、藤沢利喜太郎は、この二つの中に通り抜けることのできない壁をつくった。代数で図形をつかったり、幾何で計算をつかうことは許すべからざる罪悪としてしりぞけられた。これが明治の末期から昭和の初期まで日本の数学教育を支配した孤立主義である。

このような孤立主義を打ち破るために融合主義が登場した。一つの教科書の中で、代数的な教材と幾何的な教材とが盛られるようになった。（中略）しかし、この融合主義は、中学以上になると、ぐあいの悪い点がたくさんでてくるのである。（中略）（代数における）文字計算にいちいち図形的な意味をつけることはできないし、また、それは正しいことではない。一方、幾何のほうでも、計量の対象になりにくいものがたくさんでてくる。合同・対称などというのはそれである。融合できないものを無理に一つの教科書の中に入れておくと、それは、融合ではなく、〝混合〟になってしまう。――「数学と自然科学」1956

遠山はこのように融合主義の功罪を分析したうえで、「中学になったら、もう代数・幾何並進主義でなければいけない」「代数を主役として幾何をワキ役にする部分と、幾何を主役として代数をワキ役とする部分が並んで進み、最後にグラフで統一するのがいい」と提案し、そのうえで分化による並進主義を提言している。

あらゆるものは発展するにつれて分化する。教科も、高学年にいくにしたがって分科するのが自然である。しかし、分化は孤立を意味しない。代数と幾何は数学教育の二人兄弟である。その兄弟が仲よくなければならないことはいうまでもない。しかし、兄弟は、成長していって独立の生計を営むことができるようになると、〝分家〟するのが自然である。（中略）適当な時期に分家させるべきである。その時期は中学あたりがよいだろう。――同前

4 教育による社会の改造と持続

社会の改造か、社会の持続か

一九五〇年代の中頃になると、生活単元学習ははやくも退潮していき、戦前回帰の傾斜を強めた体制側の教育政策と、それに抵抗する民間教育運動との対立という図式になっていく。民間側には「教育の任務をもっぱら社会改造に求める」という共通の理解があり、当時、そうした態度が民間教育運動の主流として存在していた。

たしかに社会改造主義が日本の教師たちの目を狭い教室から広い社会に向かって開かせ、教育が未来の人間をつくる大きな任務を負っていることを自覚させたという点は功であった。

しかし、教育の機能を社会改造だけで覆いつくすことはできない。たとえば、物体の運動には慣性の法則というのがあるが、物体は外から力を加えなくても、元のままの速度を維持する。力を加えると、新しい速度がプラスされる。このたとえ話を教育という力と社会という物体に移して考えてみたら、どうなるか。教育という力を除いたとき、社会は改造されないことはもちろんであるが、持続することさえできない。学校がなくなったら、読・書・算の力はなくなり、社会は文盲状態に転落するほかない。

――「戦後教育運動の反省」1955（要約）

つまり、社会を現状のまま維持するためだけにも教育を必要とする。そこをくぐり抜けてはじめて、社会の改造にも貢献できる。この論文は当時の改造一辺倒の教育運動に大きな波紋を投じた。

親たちはさまざまな願いをこめて子どもたちを学校にかよわせているが、その願いをおおざっぱに分類したら、遠山は「よい子」と「飯の食える子」の二つであろうと指摘する。前者を理想主義的な要求とすれば、後者は現実主義的な要求といえ、「よい子」は社会の改造に、「飯の食える子」は社会の維持につながるという。

教師の責任は在学中にすぎないが、親は子どもが学校をでたあとも生活が維持できるように腐心しなければならない。親にとって「飯の食える子」は現実的で生々しい実感である。だから、小・中学校は理想主義に傾斜しても不都合は起きにくいが、高校・大学の教育目標は現実主義に重心がかかるといえる。

当時、社会改造主義を掲げる教育は、「基礎学力の低下」「社会科中心主義の偏向」「親の願う教育要求とのくいちがい」「理想主義と現実主義の違いからくる教育目標のズレ」「過去において蓄積された教育技術の軽視」「アメリカ直輸入のために日本になじまない教育制度」などさまざまな問題をひきおこしていた。

　これらの欠陥を指摘したうえで、遠山は教育の役割を「社会の持続」と「社会の改造」の二つに分け、社会を維持するという現実的な要求に深く根をおろしたうえで、それを基盤に文化性の高い社会づくりをめざす「社会の改造」という目標に向かうのが教育の原則であると力説する。ちなみに遠山は同じ論文で、教育運動と啓蒙運動の違いを明確にしている。


啓蒙運動は強大な偏見の存在を予想している。既存の偏見の壁に穴をあけるために、それに向かって強烈な反対意見をぶっつける必要がある。（そこでは）偶像の破壊が主な任務となる。強い酸性の毒を中和するために強いアルカリ性の薬品、場合によっては毒さえも注ぎ込む必要のあるのが啓蒙運動の特徴である。それは社会の持続という観点を無視することになるだろう。しかし、教育では強い偏見の存在を予想することから始めるべきではない。少なくとも（子どもには）大人のような根強い偏見は予想できない。

啓蒙運動に比べると、教育の作業は根本的には、やはり、子どもの心の何もないところに正しいものを育てていく建設的な過程ではないか。教育運動が啓蒙運動への傾斜をもちすぎるようなことになったら、『うれうべき教科書の問題』という小冊子も馬鹿にならない力をもつことになるであろう。もっとも、啓蒙運動への傾斜をもちすぎるのは、教育運動

だけでなく、戦前から引き続いてわが国の進歩的運動の特徴だったのではないか。——同前

ここでも、そして、つねにそうだが、遠山は論争的な姿勢で臨みながらも、一方に割りきる二者択一的な展開はしない。「複眼でものを見る」は遠山の終生を貫く牢固たる姿勢である。『うれうべき教科書の問題』とは一九五五（昭和三十）年に当時の日本民主党が、そのころ使用されていた教科書を偏向していると攻撃したパンフレットのことで、三冊発行された。

教育における生活と科学

いわゆる進歩的といわれる教師たちが、「平和と民主主義」という理想を声高に唱えながら、その一方で教科内容に関心を示さず、指導要領もていねいに吟味しないことに、遠山は不満を抱いていた。それは教育における「社会の持続」の軽視につながることでもあった。その遠因は借りものの学問に依存してきた明治以来の輸入文化にあると、遠山は考えていた。

❶—生活単元学習は子どもの直接的な日常経験をもっとも重要な教育場面と考え、それを中心に学習を展開するものであるので、間接的な経験ともいうべきもの、たとえば、人類が築きあげてきた科学や芸術の成果を意識的に軽視した。
❷—明治以来、日本には学問や文化と教育は別であるという考え方が底流にあり、学校

教育からそれらを遮断する教育政策をとった。一方、民間側にも生活綴り方運動や生活教育運動のような生活主義というものがあった。明治の文明開化のさい、権力の手によってヨーロッパ文化が輸入され、上からの啓蒙がおこなわれたために、権力に反対する民間側に、科学にも反対するという倒錯が起こった。

❸—日本の教育学は、明治より文学部の一部として存在し、自然科学とはかけ離れた雰囲気のなかで育ってきた。教育学のことばが、終戦までは価値とか理念とか普遍妥当性とかいう哲学用語だったのが、戦後は「子どもの目が輝いている」「教師と子どもがきりむすぶ」といった文学用語に変わり、子どもや教師の現実に近寄ったのは一歩前進とはいえ、科学はいまだそっちのけにされている。生活と科学とのつながりの探究が少ない。

——「民間教育運動にのぞむもの」1968(要約)

遠山はいう。生活単元学習は「現代の課題」をテーマにするが、現在の時点における「いまの生活」だけが「現代の課題」ではない。たとえば、天動説と地動説をめぐる論争に、ローマ法王はなぜあれほどまでの弾圧を加えたのか。たしかに、あの論争は現在の生活とは時間的にも空間的にも遠く離れている。しかし、「いま」を生きる人間の世界観にかかわるという意味で、まぎれもなく深刻な「現代の課題」なのだ、と。進化論も同様である。人間がサルから進化したのは古代史どころの話ではない。しかし、これは、人間とはなにかという問題であって、

「いま」を生きる人たちの世界観・人間観にかかわるのっぴきならない問題なのだ、と。

分析学習と総合学習

遠山は日常生活（具体）に基盤をおく生活単元学習に批判的であったが、一刀両断にそのすべてを切り捨てていたわけではない。子どもの生活（現実）から出発しながらも、分析学習で知識を系統的に学び、総合学習でそれらをふたたびつなぎあわせて現実と向きあう――そうした総合学習を一方で提案する。つまり、総合学習は「具体から抽象を経て、より高い具体へ」であり、たんなる後もどりではない。ここが、具体から離れることを許さない生活単元学習との根本的な違いである。

そこで、分析学習と総合学習をどのように組み合わせるかが大きな問題になる。これはひとつの教科の枠内で考えることではなく、全教科のなかで考えるべき課題であり、とくに科学教育では関連する教科を的確に組み合わせ、相互に助けあうように配慮することを、遠山は強調していた。

遠山は晩年、教育における全体性の回復を訴え、あらゆる教科をたばねた「観の授業」の重要性を唱えたが（10章にくわしい）、その萌芽はすでにこのとき（一九五〇年代）に提唱した総合学習にあったといえるだろう。

一大転機――研究か、教育か

生活単元学習批判にいちおうの決着がついた一九五五（昭和三十）年ごろ、遠山は大きな岐路に立っていた。一時、棚上げしていた純粋数学の研究にもどるか、それとも、このまま数学教育の改革運動に進みでるか、深い悩みのなかにあった。

後年、教職への道を迷う大学生の手紙に応えるかたちで、遠山は以下のように書いている。

（数学教育の改革運動の）はじめのころ、私はこういう運動は二、三年もやれば片がつくものとたかをくくっていました。たとえ片がつかなくても、だれかほかの人が受けついでやってくれるだろうという横着なことを考えていたのです。ところが、やりだしてみると、つぎからつぎへと新しい問題がでてきて、短い年月のあいだに片がつくような生やさしい問題ではないことに気がつきはじめました。そのころの気持ちは、正直にいって、泥沼のなかに足をつっこんで抜けられなくなるのではないかという、後悔と焦りであった、と言えます。数学者になることを若いときからの望みとして生きてきたものにとって、それから引きはなされることはやはり苦痛でした。

――「教育か、研究か」1973

このあとに続けて遠山は、かつて「ここに泉あり」（今井正監督）という映画を観ながら、ある場面で激しく動揺したと告白している。プロの音楽家が、地方の活動にたずさわる音楽家を、こうたしなめるシーンである。「あんたはそんなつまらないことばかりやっていると、いまに音楽家として駄目になってしまうだろう」。

明治以来の「教育と学問は別ものである」という政策のもと、日本には教育の仕事を創造的ではないととらえ、一般的な学問や文化に対して一段低く見る傾向があり、じつは遠山もその風潮にとらわれていたし、教師という仕事を正直、軽くみていたという。

しかし、運動上の要請もあったとはいえ、遠山は数学教育に向けて大きくハンドルを切ったのである。そして、改革運動を進めるなかで、教育学はこの世でもっとも精妙きわまる人間の成長にかかわる学問なだけに、まだまだ未発達・未開拓であるとし、これからの仕事の重みと豊かさを確信していく。

その一方で、「自分には子どものころから、半知半解のまま通りすぎて、つぎのことに移っていくことのできない気質があり、そんな因業な性格が自分を教育の道に進ませたのかもしれない」とも述懐している。

歴史をみれば、トルストイはいうまでもなく、ルソーもカントもゲーテもシラーも教育に強い関心をもっていたし、論文やエッセイや小説のかたちで貴重な著作を残している――そう遠山は説き、その紹介に努めるのだった。

第4章

「水道方式」と「量の体系」を創る

一九六〇年代（五十歳代）❶

一九五八年、教科書『みんなのさんすう』の編集過程で「量と水道方式」の理論を打ち立てる。明治以降の日本の数学教育と海外の数学教育を総点検したうえでの、実践に裏づけされた本格的な算数・数学教育の研究であった。その後、水道方式ブームが起き、遠山は講演会や研究会に東奔西走の日々となる。民間が官製を凌駕する地平を開いたのである。それだけに締めつけもひどかった。

1　日本の算数教科書の変遷

一九五二（昭和二十七）年、数教協の会員向けの定期刊行物として『研究と実践』が発刊される。数教協は研究を主とする求心的なサークルから、全国展開をめざす遠心的な民間教育団体へと進みはじめ、研究授業を日常活動のなかに加えることで、批判するだけではない実践的な団体となっていく。解毒剤から栄養剤への脱皮である。一九五五（昭和三十）年には『数学教室』も創刊され、数教協は一人歩きのできる教育団体へと発展したのである。

遠山にとっても数教協にとっても、なによりもその転機となったのは、小学校の検定教科書『みんなのさんすう』の編集であった。

明治から戦中までの算数教科書

教科書を編集するにあたっては、過去に使われていた教科書『尋常小学算術書』（通称＝黒表紙）と『尋常小学算術』（通称＝緑表紙）を批判・検討する研究会がたびたびもたれた。銀林浩によると、研究会というよりも遠山を講師とする講習会であったという。

一八七二（明治五）年に学校制度ができ、初期には特定の共通教科書はなく、地方によってそれぞれであったが、明治の末期に国家統制が強まり、「黒表紙」と称される日本で最初の国定教科書が登場。四回の改訂を経ながら、一九〇五（明治三十八）年から一九三四（昭和九）年までの三十年間にわたり使われた。編集責任者は藤沢利喜太郎（数学者）であった。その後、「緑表紙」と呼ばれる教科書に変わり、一九三五（昭和十）年から一九四〇年（昭和十五）まで使われる。編集責任者は文部官僚であった塩野直道（教育者）である。

戦中にあたる一九四一（昭和十六）年から一九四五（昭和二十）年まで使われたのは、一、二年生用が『カズノホン』、三～六年生用が『初等科算数』であり、表紙が水色だったので「水色表紙」と呼ばれた。

戦後は教科書に墨を塗る作業から始まり（墨塗り教科書）、国定教科書から学習指導要領にもとづく検定教科書に変わった。

黒表紙の数え主義、緑表紙の暗算主義

明治末期から昭和初期に使われた黒表紙は、暗算のやりすぎや和算に批判的である一方で、「数え主義」を特徴としていた。

数え主義は、子どもに1、2、3……という数詞（数字）を暗記させておいて、その順序をもとにたし算やひき算を教えようとするもので、小さい数ならともかく、43＋28のような二桁(けた)どうしのたし算になると、すぐに行きづまった。算用数字のしくみを教えずに、いきなり筆算に切り替えるという理論的な矛盾ももっていた。そのため、機械的に計算はできるが、四則の意味がわからないという子どもが続出した。これが数え主義（黒表紙）の大きな欠陥であった。

この教科書の思想的な背景にあるのは、「数の神授説」で有名なクロネッカーの理論である。クロネッカーは編集責任者・藤沢利喜太郎の師であり、順序数としての自然数をもとに数学を基礎づけようとしていた。藤沢はその考えを日本の算数教育に適用しようという強い意気ごみをもっていた。また、藤沢は「数学は量の学問ではない」と明言し、数学教育から「量」というもの（後述）を追放してしまった。量を数学教育の中核にすえようとする遠山とは真っ向から対立する考え方である。

その後、黒表紙のもつ欠陥を克服しようと、緑表紙が登場する。暗算を徹底することでその欠陥を解決しようとしたのである。

たとえば、35＋27は、数え主義なら35から27回さきに進んで62に到達するが、これでは時間がかかるので、暗算で大きい桁のほうから10ずつ２回飛んで55になり、その後、７だけ進んで62に到達する。いわゆる急行である。さらに特急で20までいっきに飛んで、その後、鈍行で７だけ進む。暗算は頭から加えていく頭加法だが、文部省（当時）は絶対的な権威をもって緑表紙のこのような計算方法を子どもたちに強制したのである。

この方法をおし進めた塩野直道は、当時、文部省の図書監修官で、方法はドイツ式の模倣であった。思想的な背景はペスタロッチ。ペスタロッチの直観主義は、文字からもたらされる知識のような観念的なものを斥け（しりぞけ）、さわったり観察したりすることによる感覚的な理解を大事にした。そこで、文字を使う筆算を排撃し、暗算を主張したのである。

遠山は、数え主義や暗算主義のもつ欠陥を、その背景にある数理思想までふくめて批判・検討する。とくに一九五八（昭和三十三）年から翌五九年にかけて、量の問題と暗算主義批判について多くの問題提起をしている。

教科書『みんなのさんすう』と水道方式

一九五八（昭和三十三）年に光村図書出版から小学校の教科書『みんなのさんすう』の編集を依頼される。遠山を中心に数教協のメンバーが編集・執筆をしたこの教科書は数奇な運命をたどるのだが、それと同時に、遠山のその後の人生を大きく変える契機になる。

その五年ほどまえに遠山は、同じ光村図書発行の中学数学教科書の編集にたずさわっていた。それが縁で小学校版も依頼されたのだが、検定のわずらわしさに嫌気がさしていたので断わりつづけた。しかし、社長のあまりの熱心さに根負けしてひきうけた。

一九五八年の四月ごろから編集会議を始め、八月には出版社の社長が所有する軽井沢の別荘で八日間にわたる集中編集会議がもたれ、教科書の概要がほぼ決まる。

ところが、年末になって、出版を他社に譲りたいという話がとつぜんもちあがり、翌年の二月に日本文教出版（日文）にひきつがれることになる。遠山はその理由に政治的な妨害のにおいを感じとっていた。このころ、遠山は緑表紙の暗算主義を批判する論文を発表し、それに対する緑表紙派の反発は激しいものだった。

毎週のように研究会を兼ねた編集会議が開かれ、精力的に仕事を進めた結果、一九五九（昭和三十四）年の六月には脱稿にこぎつける。量の体系も水道方式も『みんなのさんすう』の編集過程のなかで着想され、その後、多くの研究と実践のもとで整えられていったのである。教科書を脱稿した感慨を遠山は日記にこう記している。

原稿（日文の教科書）はいちおう全部完成した。約一年間の百数十回にわたる会議で、小学校の算数の全部に渡って詳細な分析ができた。これを徐々にまとめていくと、一つの構想に発展しそうである。古い教育技術をほとんど駆逐できそうである。量の問題については一つの体系ができあがるようである。これはまったくの空白地帯だったのである。

――1959.6.18

遠山を中心とする数教協の会員たちは、数え主義と暗算主義を徹底的に研究し、その欠陥を熟知したうえで、筆算を中心にすえた計算体系を創出した。それは「水道方式」と「量の体系」という考え方を二本柱として組み立てられているのだが、世間的にはあわせて「水道方式」と呼ばれることが多い。その特徴を簡潔にいうと、①筆算中心、②一般から特殊へ（分析―総合／型分け）、③量の重視、④タイルの活用、といえるだろう。

後述するが、その後、この教科書は検定と採択のシステムを使って採用を妨害され、苦難の道を歩むことになる。

2　水道方式の創出

筆算と位取りの原理

数の導入は量の考え（後述）を中心にし、シェーマ（図式）としてタイルを使うという方針は、編集会議を始めた当初から決まっていたが、練習問題の選択と配列は課題であった。

教科書を編集中の一九五八（昭和三十三）年に告示された新学習指導要領によると、たとえば、三桁と三桁のたし算を二年生までにやりおえることになっていた。対象になるたし算は、一桁も二桁もすべてふくめると、八十一万題もある。限られたページ内に、どんな計算問題を、どう選び、どう配列するかが大きな課題であった。

世界の算数教育を大別すると、暗算中心と筆算中心に分かれる。ドイツ、東欧、ソ連は暗算中心であり、イギリス、フランスは筆算中心である。水道方式は暗算中心の方式に反対し、筆算中心の方式を徹底したものである。暗算中心はかならずどこかで行きづまるのである。三ケタと三ケタの加法になると、どうしても筆算に切りかえざるをえなくなるが、

ここで混乱が起こる。暗算と筆算とは計算のやり方がちがうからである。暗算は、読み上げる数を耳で聞いて頭で計算して答えを出すという経路をとる。読み上げる数は〝二百三十四〟のような漢数字で表わされているが、漢数字には位取りの原理が利用されていない。一、十、百、千……と10倍ごとに新しい数詞を定め、〝二百三〟のように十の位ぬきにも表現できる。その点、算用数字は正反対であり、その特徴は位取りの原理にある。10倍ごとに新しい字を必要とはしないが、ただ一つ、漢数字には不要な〝0〟を必要とする。この0があるために、〝二百三〟は〝203〟と書いて、何のアイマイさも起こさないのである。

筆算では、0はきわめて重要である。0とは何か。0はたんなる無ではない。つまり、〝無い〟のではなく、〝無くなった〟、あるいは〝有るはずのものが無い〟のである。

——「水道方式の原則」1971（要約）

「この〝0〟をどう教えるかは、水道方式では一つの眼目になる指導といえよう。〝0〟の発見は人類の偉大な発見である」と遠山はいう。

当時、「暗算は思考を鍛えるが、筆算は形式主義だ」という批判がだされたが、筆算のほうが理にかなうし、計算もラクであった。遠山は暗算を「難行道」、筆算を「易行道」と呼んで暗算主義を再批判する。こののち、位取りを教えるさまざまに工夫された授業実践が生まれることになる。

一般から特殊へ――分析・総合と型分け

水道方式は「分析と総合」「一般と特殊」という二つの原則を組み合わせている。とくに「分析―総合」は数学のみならず、あらゆる学問の普遍的な方法であるが、「一般―特殊」は数学や力学のように形式性が強い科学に特有といえるかもしれない。

たとえば、三ケタの加法を、どう指導するか。その問題の数は全部で八十一万題あるのである。この八十一万題の問題がみなできるようにしてやるには、適当な方法でそれを型分けして分類し、その上で、それらをうまく配列してやらねばならない。

そのために分析―総合の方法が必要となってくる。まずはじめに複雑な計算の手順をもっとも単純な計算過程――素過程という――に分解しなければならない。これが、いわゆる分析の方法である。加法では素過程に当たるのは10以下の数の加法である。この素過程に十分、習熟した後、それらを組み合わせた複雑な過程――複合過程という――にはいるのである。これが総合にあたる。――同前

そこで、位取りの原理にもとづいて、くり上がりや〝0〟の「ある／なし」に着目して型分

けし、それらをくり上がりもなく、〝0〟もない一般の型（例・図1）から〝0〟のある特殊な型（例・図2）へと進む展開がとられた。この特殊な型を「退化」というが、「型くずれ」という意味である。

つまり、「分析―総合」によって素過程と複合過程に分類し、そのうえで一般から特殊へと配列したのである。このような計算練習の型分けと配列のありさまが、水源池からだんだんと枝分かれして各家庭の台所まで水を導いていく水道設備に似ていることから、遠山は「水道方式」と名づける。素過程を「水源池」とも名づけた。この方法だと、すべての計算（の型）が網羅され、水源池とネットワークされる。

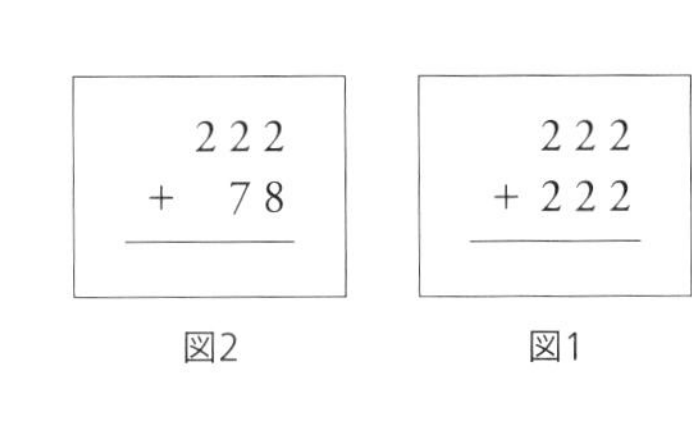

図1　図2

この計算体系を整理したのはおもに銀林浩である。銀林は遠山亡きあと、数教協の委員長をつとめた。

量の重視とタイルの効用

数え主義は数を順序数としたが、水道方式はまず集合数と考え、それから順序数を導く。整数ばかりでなく分数も小数も、つまり数そのものを量から導きだす。さらに徹底して加減乗除の法則そのものも量の法則から導きだすのである。量のほうが子どもの認識にとって根源的であり、理解しやすいからである。数え主義では加減乗除をみな加法から導きだしていたので、分数・小数になると行きづまってしまう。しかし、量の立場からいうと、加減は外延量から、乗除は内包量から導きだすので、この方式でいくと、分数・小数の場合でも困らない。

算数の入門期においてまず重要なのは、算用数字を身につけることである。量を基礎にして数をとらえるとき、その媒介にペスタロッチは円をもちい、旧ソ連では計算棒が使われたが、遠山が提唱したのはタイルであった。正方形のタイルを十個タテに連結すると、一本の細長い板になり、それを十本ヨコにつなぐと、一枚の広い正方形になる。つまり、タテ（十のタイル）にもヨコ（百のタイル）にもすきまなく連結でき、結集という思考法にもとづいていて、十進法と位取りの原理を視覚化しやすい。この巧妙な結集の視覚化はタイルでこそ実現できた。計算棒やおはじきではけっして期待できない。

計算学習では、数詞と算用数字がしっかりと結びつかなければならないが、タイルを媒介することによって、それが原理的かつ功利的に可能になったのである。

（たとえば）〝204〟などは、タイルでやると、大きなタイル（正方形）が二つと、それから小さいの（バラのタイル）が四つ、それから細長いの（十のタイル）は一つもないから、〝0〟を間に書くのだということがはっきりわかります。ここで〝無の0〟が〝位取りの0〟としっかり結びついてくるわけです。（中略）23と41を加えるという計算は、タイルでやると、結局、細長いタイルが二本と小さいのが三つの塊と、細長いのが四本と小さいのが一つの塊を合わせることになり、子どもは同じ形のもの同士を加えるということを自然に考えつくわけです。(中略)それを式に書くと、そのまま23と41を重ねて加えるということが出てきます。つまり、重ねてやる計算のルールを、子どもはタイルによって自分で発見できるわけです。

——「水道方式の原理」1962

水道方式は、こうしてタイル・数詞・数字の三者関係を重視する学習法といえる。タイルは水道方式の要ともいえる教具(シェーマ)なので、じつは遠山は商標登録をしていたという。「独占するつもりはない。だが、他者にとられてわれわれが使えなくなったら困る」というのがその理由である。

3 量の体系の構築

量が数と現実を結ぶ

数学の抽象性の基盤は、人間の頭脳のなかに先天的に数理として存在しているのか、それとも現実の世界のなかにあるのか。遠山の数学観ははっきりしていた。「数学はもっとも抽象的な科学である。そして、その基盤は客観的な世界のなかにある」と。

数学は人間が数千年にわたる努力によって咲かせた美しい花ではあるが、それは切り花ではなく、根を地中深くおろした生きた花なのである。実在という大地に根をおろし、根の上に茎があり、茎の上に花が咲いているのである。根と花をつなぐ茎に当たるものは量なのである。——「高校で線型代数をどう教えるか」1961

遠山は「数のまえに量がある」と述べ、早くから「量」に着目していた。この視点が量の体系となり、やがて遠山が定義づける未測量（未だ測られていない量）から既測量（既に測られた量）へと発展する。遠山の主張を要約すると以下のようになるだろう。

われわれは一個の生物として、変化する環境のなかで、体温ひとつとっても、たえず適応のための調整をおこないながら生命を維持している。その環境についての情報は量という形をもって伝達される。数を知らない幼児も動物もそれを受けとって、意識的にしろ、無意識的にしろ、調節して生きている。「熱い・冷たい」「長い・短い」「高い・低い」「濃い・薄い」「速い・遅い」……、このような形容詞の対は数値化される量の萌芽といえよう。長さや重さにしろ、面積や体積にしろ、時間や速度にしろ、温度や圧力にしろ、われわれの日常生活はさまざまな量に囲まれている。それらは抽象的な数によって表わされるが、量とは、そうした数と具体的な現実との中間にあって、その二つを結びつける半具体物・半抽象的なものといえよう。日常生活だけでなく、高度な技術や工学も、背景には「量」がある。しかし、日本の算数教育では、この量という考えがおろそかにされていた。

——「数のまえに量がある」1970(要約)

黒表紙は抽象的な数(とくに自然数)を、この中間項の「量」を追放して直接的に押しつけようとし、戦後の生活単元学習は体系化されていない数を単元のたびにバラバラにもってきて失敗した。緑表紙は量を重視してはいたが、体系化にまでは進んでいなかった。

数学教育と量

教科書を編集する作業のなかで遠山は、藤沢の企図した数学からの「量の放逐」が、反面教師として暗夜の稲妻のごとく作用したという。それをまとめたのが数教協の第六回大会(一九五八年、高尾山)での問題提起「量の問題について」である。エポックを画す講演であった。

量の問題は、小学校の比と比例にも、高校の微分積分にも関係があり、むしろ、その基礎をなしていると考えられるからである。とくに数学教育を科学・技術教育の一環と考える立場をとるなら、量の問題は中心的な重要性をもってくるであろう。理科教育と数学教育との接触点に位置するのが量の問題であるが、それだけにかえって双方から手をださなかったきらいがある。そうした事情もあって、量の問題の大部分はいまのところ未開拓の処女地であるといってよい。——「量の問題について」1958

遠山は「量こそが算数教育の背骨の位置を占める重要問題である」と断言する。これは日本の数学教育史上、画期的であった。一九六三（昭和三十八）年の論文ではつぎのようにふり返っている。

量の体系は数と感性とを強固に結びつけるためにつくりだされたものである。従来のやり方では、数は感性的なものから遊離していた。とくに分数や小数になると、それが甚だしかった。（中略）感性から遊離していた数学を、ふたたび感性の土台の上につくりあげるということがペリー運動の主な主張の一つであったとするなら、量の体系はペリー運動の延長上にあるものといえよう。——「数学教育の近代化と現代化」1963

ペリー運動と量の体系については次章で詳述するが、二十世紀に入り、量のなかに包みこみきれない研究対象（たとえば抽象代数学）が数学のなかに入ってきたのはたしかである。だからといって、数学から量を追放することはできるであろうか、と遠山はいう。

数学のなかの一大部分である解析学では大小の比較が基礎になり、それは $a < b$ という不等式であらわされているが、そのことは、a、bが量としてとらえられていることを物語っている。もし解析学者に不等号の使用を禁止したら、彼らはほとんど何一つなしえないだろう。（中略）それでは、整数論から量を追放することはできるだろうか。（整数論のなかでも解析学の助けを要する分野は多く）それさえたやすくできそうにはないのである。

――「量の体系とはなにか」1960

数学における量の役割の重要さを解説したうえで、「ここで数学教育は重要な岐路に立たされる。高校までの数学教育の主目標を量の科学である解析学におくか、それとも構造を中心とする抽象代数学をめざすか。それを選ぶのは、数学者ではなく数学教育者の責任である」と遠山は説く。

量の体系

先に述べた「水道方式」がおもに数の計算という限られた領域を対象にしていたのに対して、「量」は数と現実を媒介するものなので、物理など数学以外の世界にいくらでも開かれている。

量は、まず分離量と連続量に大別される。分離量ははじめから一つ一つが分かれていて、一つ、二つ、三つ……と数えられるものであり、それに対し、連続量は長さや重さ、面積や体積のように単位を決めないと測れない量のことである。

この連続量は、さらに加法性のある外延量と、加法性のない内包量に分けられる。長さ・重さ・面積・体積などは単位を決めないと測れない未測量なので、単位導入の四段階指導（直接比較→間接比較→個別単位→普遍単位）を経て、未測量を既測量に転化させる。しかも、これらの外延量には加法性があるが、密度・濃度・速度などには加法性がない。この加法性のない連続量を内包量という。

——同前（要約）

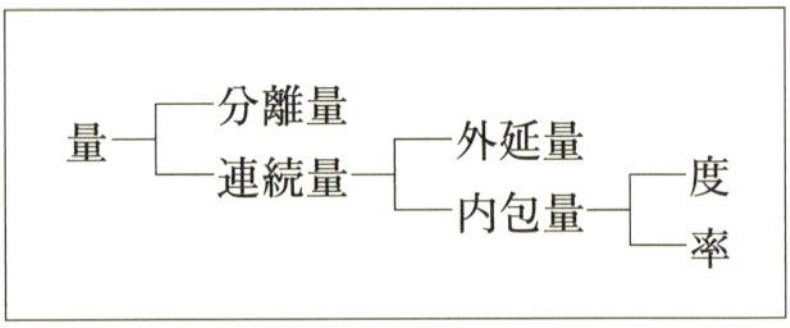

量			
	分離量		
	連続量	外延量	
		内包量	度
			率

遠山はこの分離量と連続量こそが算数教育の二本柱だといい、とくに連続量を重視した。大枠でいえば、たし算とひき算は外延量から、かけ算とわり算は内包量から導きだすことによって、分数や小数の加減乗除を一貫性をもって説明し、「数と演算と量」との相互関係を整理した。それによって四則演算をすべて加法の発展とする「数え主義」の欠陥を克服したのである。

なお、『みんなのさんすう』の編集中（一九五八〈昭和三十三〉年）に告示された新学習指導要領では、学力水準の引き上げと称して割合分数が導入されたが、遠山はこの割合分数の欠陥についても、量を背景に完膚なきまでに批判した。

たとえば、それまでかけ算は累加で説明してきたが、「分数×分数」はそれでは説明しきれない。「連続量×連続量」（量分数）の抽象的な表現として説明することによって従来の固定観念を打破したのである。『みんなのさんすう』はこの量分数を採用している。

量の理論の背景

「内包量とか外延量とか、遠山はやたらと造語をつくる」という批判を受けたことがあったが、遠山はそれに対し、実例をあげて反証している（「数学教育における量の問題」1962）。

この言葉は造語ではなく、十四世紀から西欧の哲学史で使われてきた術語の訳にすぎず、田辺元（たなべはじめ）の『数理哲学研究』（一九二五年）をはじめ、哲学書にしばしばでてくる。古くはニコル・オレーム（一三二三頃―一三八二）の著作に見られ、オスワルト（一八五三―一九三二）の『エネルギー』にも、カント（一七二四―一八〇四）の『純粋理性批判』にも叙述がある。さらに、ヘーゲル（一七七〇―一八三一）は『小論理学』『大論理学』のなかで多くのページをさいて説明している。そして、数学者ワイルははっきりとそれを定義している――と書く。

また、「量」の考え方については早くもアリストテレスの『形而上学』（紀元前四世紀）に登場し、たとえばエンゲルス（一八二〇―一八九五）も『自然弁証法』のなかで「数学は諸量の科学である。数学は量の概念から出発する」と書いているという。

さらに、分離量と連続量を説明する前提として、遠山はつぎのようにいう。

物質をどんどん分割していくと、これ以上は分割できない粒子にいきつくというのは古代ギリシアで打ちだされた一つの世界観で、デモクリトスやレウキッポスの原子論がそれにあたる。もしこの原子観（粒子観）に立つなら、すべての量は分離量となるから自然数で表わせることになる。この考え方にもとづいて、すべてを自然数で表わそうと試みたのがピタゴラス派であった。しかし、非通約量の発見によって自己矛盾に陥った。これに対して、物質はどこまでも分割でき、したがって、最小の単位というものは存在しない連続体であるという世界観もある。

つまり、原子観と連続観という対立する二つの型の世界観（物質観）は、ギリシア以来の問題であって、その後も姿を変え、形を変えて科学思想史に登場してくるほど根深い考え方の対立といえよう。――「量の体系とはなにか」（要約）

「量の理論」はこうした歴史を土台に築かれている。

量の発展

量の体系は、その後、数学教育を支える背骨として研究と実践が進められ、確立していく。その詳細な解説は専門書を見ていただきたいが、たんに加減乗除だけでなく、比や比例、関数などの指導を見直させ、通称「森ダイヤグラム」（下図、森毅の発案）と呼ばれる相関関係に発展していく。それは正比例を出発点とし、そこから微分積分に進む道と線型代数に進む道に分かれ、ベクトル解析でふたたび合流するという主張である。

つまり、量という考え方は小学校から大学の教養課程までの数学教育をどう組み立てるかの基幹をなすものであり、それは先述した「数学教育の主目標として量の科学である解析学をおくか、それとも構造を中心とする抽象代数学をめざすか」という選択でもある。

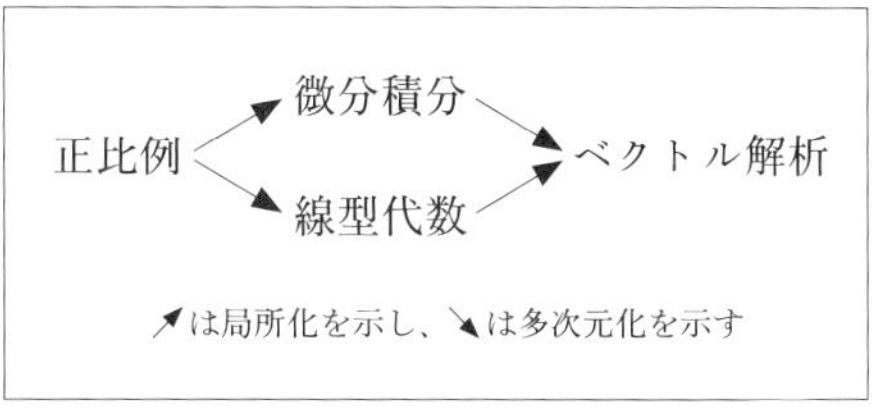

このころ、アメリカでは「微分積分はもう古い」という声があがっていたが、微分積分は自然科学や工学への応用が広く、遠山は「微分積分を追放したら、量的研究法を必要とする自然科学の大部分は半身不随となってしまう」「微分積分そのものが古くなったのではなく、微分積分万能が古くなったのだ」と反論し、微分積分はその思考の方法そのものに学ぶべきものをもっていないのか、と疑問を投げかける。そして、さらに続ける。

正比例 ↗ 微分積分 ↘ ベクトル解析
正比例 ↘ 線型代数 ↗ ベクトル解析

↗は局所化を示し、↘は多次元化を示す

ガリレオやケプラーにはじまる古典力学は近代科学の典型であり、それが思想史のなかで演じた役割ははかりしれないほど大きい。ガリレオの宗教裁判は、結局は中世的なものと近代的なものとの闘争がもたらしたものにすぎなかった。

近代科学の先頭に立っていたのは古典力学であり、その古典力学に力強い武器を供給したのは微分積分であった。自然の複雑な変化の過程を無限小の部分にいちど細分し、その細分した空間や時間のなかの法則を発見し、その法則を連結することによって真の法則を得るというのが基本的な方法であり、自然の過程を細分することが微分に相当し、それを連結することは積分に当たる。細分化された空間や時間における法則がアインシュタインのいうように微分法則であり、それを連結した法則が積分法則なのである。(中略)そこでは、分析—総合の法則がもっとも鮮やかな形で姿をみせているのである。——同前

微分積分は、自然現象を観察するための精巧なカメラのようなものであるし、人間がつねにおこなっている「分析—総合」という思考法を徹底したものである。「これからの世界を生きていくために、微分積分の知識を日本人の常識にしたい」と、遠山はその念願をたびたび書いている。

4　ブームと弾圧

水道方式ブーム

遠山らが編集した小学校教科書は、その後、どうなったのか。

『みんなのさんすう』は最初の文部省検定（一九五九〈昭和三十四〉年）のさい、ほとんど全学年が検定で落ちた。そこで翌年、修正を加えて提出したところ、今度は『六年生』の「下」だけが不合格になった。そのまた翌年（一九六一年）、さらに修正を加えて提出したところ、ようやく全学年が合格になった。全学年のうち一巻でも欠けているものは、小学校の算数教科書として、まず採択されない。ここには水道方式に対する妨害や圧力があったものと思われる。

ところが、一九六二（昭和三十七）年一月から毎日新聞に「お母さんのための算数教室」（藤田恭平記者）の連載が始まると、全国的に「水道方式ブーム」がわき起こった。各地で大小の講演会や研究会が企画され、全国を飛びまわることになった遠山のスケジュールは殺人的でさえあった。大学での講義以外に大学行政の委員会、日教組の講師団会議、出版や放送関係の打ち合わせなどがぎっしり詰まっているうえでの全国行脚である。またこの年には『数学セミナー』（日本評論社）が創刊され、遠山は矢野健太郎（数学者）とともに編集顧問になっている。

日記によると、とくに週末は、東京での仕事を終えると夜行列車に飛び乗り、朝に現地まで赴き、そこで帰京の夜行にまにあうぎりぎりまで仕事をし、東京に朝帰り。そのまま大学の講義に向かうか、当時は大学に近かった自宅で仮眠をとってから出勤するのがつねであった。一年三百六十五日のうち百日を講演に割いたという。旅先で原稿を書いていることも多い。

官の危機感と妨害

水道方式ブームに驚いた当時の文部省や各地方の教育委員会は陰湿な対抗にでる。京都市教育委員会は一九六二（昭和三十七）年、水道方式の取り扱いについて注意を喚起する通達を管轄の全小学校の校長に配布する。水道方式理解も誤謬に満ちた内容だったが、真意は採用妨害だと、遠山は看破する。裏では「水道方式は組合算数」と喧伝するなど、いかにも滑稽な通達だが、それが不当と認められて凍結されたのは、十一年もたった一九七三（昭和四十八）年である。

水道方式は純粋に数学教育の内容と方法であって、政治色はまったくない。にもかかわらず、水道方式を支持する教師に組合員が多かったことから「組合算数」と捏造されたり、数教協の教師が離島や僻地に転勤を強制されたりするなど、妨害と弾圧が激しかった。

一方で、『みんなのさんすう』を教科書採用していない地区の教師たちのなかには、独自のプリントを作成して水道方式の授業をするものもいた。とくに子どもの学びをつうじて母親の支持が強く、文部省が弾圧すればするほど日教組のシンパが増えるという皮肉も生まれた。
また、ブームが起きたその年（一九六二年）、塩野直道（啓林館版の教科書を編集）は『水道方式を批判する』という冊子を発行し、数教協内部では横地清(よこちきよし)をはじめ二十五人の脱退問題が起きる。これら一連の動きに対して遠山は無署名であるが、『いわれなき非難にこたえる』（冊子）という反論を書いて関係者に配り、教育雑誌にはつぎのように寄せた。

水道方式は、職制や権力ではつぶすことのできないものである。それは目に見えない考え方のバクテリアだからである。これを叩きつぶしたかったら、理論と実験の統一した力をもっていなければ駄目である。そして、一番よいやり方は、水道方式よりも子どものできるようになる方法をつくり出してみせることだ。しかし、この点について反対論者の諸君は何一つやってはいない。「水道方式が悪いというなら、あなたのやり方はどういうのですか。具体案をおうかがいしたい」と反問すると、彼らはいっせいに口をつぐんでしまう。

——「水道方式と量の体系」1962

『みんなのさんすう』の顛末

一九六三（昭和三十八）年に教科書の無償配布が制度化されたが、それとひきかえに広域採択制度が施行される。この制度は採択委員の投票によって選ばれた一位と二位の教科書のなかから、教育委員会が採択教科書を決めるという方式である。そのため、仮に『みんなのさんすう』が一位に選ばれたとしても、二位が採択されることもある。事実、北海道ではそれが現実のものとなった。そうした広域採択によって採用が減り、ついに発行後三年ほどで撤退の決定を余儀なくされた。

だが、『みんなのさんすう』は、妨害や圧力にもかかわらず、三年間で三十万部くらいにまで成長していた。この闘いは、いうなれば遠山を中心とする民間文化と、塩野を黒幕とする官製文化との闘いであり、実質としては民が官を凌駕したのである。

その原動力は、いうまでもなく子どもたちである。暗算偏重のやり方で大量の算数ぎらい・勉強ぎらい・学校ぎらいが生みだされていたが、『みんなのさんすう』で「わかる」体験をし、その姿を目の当たりにした父母たちが採用運動を起こし、それが教師たちを動かしていったのである。それは公害追放の市民運動に似ていた。

後年、一九七七（昭和五十二）年に遠山は、家永三郎（いえながさぶろう）が提起した歴史教科書裁判の証人として出廷し、検定制度の不当性を証言した。出廷後にこう書いている。

いまさらながら驚いたことは、文部省側の論理は〝落ちこぼれ〟の原因は指導要領にはなく、現場教師の教え方のまずさにある、ということで一貫しているということだった。（中略）『みんなのさんすう』をつくった二十数年まえに、文部省側は水道方式をそれこそ目の敵にして圧迫をくわえた。塩野直道氏が死んだとき、前文部大臣の剱木亨弘氏が弔辞のなかで、塩野氏の大きな功績として〝水道方式を撲滅した〟ことをあげたほどである。たかが算数の一教授法にすぎない水道方式に対して（中略）〝撲滅〟ということばを使ったのであった。——「教科書裁判の証言を終えて」1978

非検定教科書『わかるさんすう』の出版

『みんなのさんすう』がなくなったため、それを使っていた全国各地の教師たちから「なんとかしてほしい」という要望が寄せられた。

当時、むぎ書房から日本語教材『にっぽんご』シリーズの刊行が予定されていた。一九六四（昭和三十九）年に刊行を開始したこのシリーズは、従来の学校文法ではない日本語テキストであり、副読本として学校へも大きな広がりをみせた。

水道方式による『わかるさんすう』全六巻（遠山啓＝監修、むぎ書房）は、『にっぽんご』とほぼ同時期に編集作業が進み、一九六五（昭和四十）年より刊行を開始。『わかるさんすう』は非検定の有料市販本であったので、これを副読本として教室で使うには父母の承諾が必要であったが、そのこと以上に教育委員会など上からの圧力が強かった。にもかかわらず、毎年採用が増えつづけ、最高時には四十万部を超えるまでになった。このころは、一九七〇年代の主張である「たのしい」に対して、「数学（算数）ができる」「わかる」がスローガンであった。

『わかるさんすう』も『にっぽんご』も、ともに研究者と現場教師との緊密な共同研究による成果で、戦後の民間教育運動が生みだしたシンボル的な仕事であった。

ちなみに、当時のむぎ書房代表者は、のちに遠山とともに太郎次郎社を興すことになる浅川満であった。遠山や数教協をはじめ、『ひと』誌（太郎次郎社）の主要な協力者・執筆陣となる遠藤豊、無着成恭、宮下久夫（みやしたひさお）、伊東信夫（いとうしのぶ）、川島浩（かわしまひろし）（写真家）らとの関係は、ここから始まっている。

教科書の検定・採択という壁に苦しめられた遠山だが、「教科書を超える出版物を」という強い思いはかねてからあり、子どものための独習書をつねに考えていた。それは体系的な学習書として構想され、出版社に働きかけてもいた。自由な出版をとおして日本の教育の改悪を食い止め、またそれを押し返すためである。完全な独習書ではないが、『わかるさんすう』はその走りといえる。その思いは後年、『さんすうだいすき』などほるぷの三大シリーズへとつながっていく。

「水道方式と量」から「数学教育の現代化」へ

遠山は「量の理論」のもとに、小学校の分数から中学校の関数指導を経て高校の微分積分にいたるまでの指導の道筋を拓いていく。

もう一方の「水道方式」は算数の計算体系を「一般から特殊へ」という方法で整備したもの

であったが、その考え方は多くの実践によって有効であることが実証され、算数・数学ばかりでなく、ほかの民間教育団体の教科研究に多大な影響を与えたのである。
一九六〇（昭和三十五）年の前後、各民間教育団体では指導者交代の時期を迎えていた。遠山は数教協の組織づくりをつぎのように考えていた。

戦前の小さい運動の指導者は敗北の経験しかもっていない。だから、外からの圧迫があると、彼らに浮かんでくるのは敗北のイメージである。悲壮感のまき散らしによって団結させるという手段しか思いつかないのである。彼らの説くのは「構え」や「姿勢」だけであって、内容にまでは食い込めないのである。
数教協がやるべき仕事は、現場の教師がそのまま理論家になることである。これはまだだれもやったことのないことであり、思いもしなかったことである。ほかの団体では頭と手が分裂している。われわれはそれを結びつけ、それを一体のものとしようと考えている。

——日記1961.1.22

こうした組織論を念頭に、一九六〇年代の後半にかけて、遠山は水道方式と量の理論のさらなる普及と発展をめざし、それに加えて数学教育の現代化に取り組むことになる。

第5章 数学教育の現代化をめざして

一九六〇年代（五十歳代）❷

水道方式の普及によって子どもや市民の支持を受けた数教協は、まさに未踏の分野を拓きながら進む数学教育の探検隊のようであった。技術革新というスローガンのもとに現代数学をそのまま採用する官製の数学教育を、遠山は「超現代化」と批判し、近代数学と現代数学を基礎にした「現代化」を推進していく。

1 数学教育の近代化から現代化へ

数学教育の近代化

遠山は水道方式と量の体系での成果を土台に「数学教育の現代化」を唱える。それはどのような内容で、「近代化」との相違と関係は、どのように考えられていたのだろうか。前提をひと言でいうと、水道方式の背景は現代数学であり、量の体系は近代数学である。

遠山の頭にあったのは、二十世紀の初頭に現われ、全世界に波及していったペリー―クライン運動と呼ばれる数学教育の改革運動である。これはユークリッド的な古代・中世的な数学から一歩進めてデカルト、ニュートン、ライプニッツ的な近代数学への転換をなしとげようという改革である。クラインは世界の数学界の大御所であったから、その影響力は絶大であった。

デカルトの解析幾何学にはじまる近代数学は、変化や運動をとらえるために変化する量の数学という刻印を帯びていた。二つ以上の変量が一定の相互関係をもつとき、関数という新しい概念が生まれ、関数の研究は近代数学の主要なテーマとなった。それはニュートン、ライプニッツの微分積分学となって、十九世紀末にいたるまで数学の主流を形づくった。

このような近代数学の立場から数学教育の改革運動を推進したクラインは、「数学教育の目的は関数概念の養成にある」と主張した。それは中世的な段階にとどまっていた数学教育を近代化するうえでは打ってつけのスローガンであった。この運動の結果、中学・高校に解析幾何・関数・微分積分などが導入された。 ――「統一カリキュラムをつくるために」1965(要約)

このように、近代数学は変化する連続量と、そのあいだにある依存関係、つまり、関数の研究が主役であったので、まさに量の立場に立っている。

小学校の低学年から量――とくに連続量――の段階的指導の体系をつくることは、近代化の立場からみても当然のことであった。クラインもすでに量の重要性を指摘している。しかし、量の指導体系は近代化のなかで近代化がやるべくして怠っていたことを、現代化の立場から補塡したものということができる。――「現代化と数学教育」1964

黒表紙を編集した藤沢利喜太郎はむしろ「量の放逐」を声高に叫んだのである。

藤沢によって放逐された量を復権させ、諸々の量を教育的な順序に配列して段階的に学ばせようと「量の体系」はつくりだされた。感性から遊離していた数学を、ふたたび感性の土台のうえにつくりあげるということがペリー運動のおもな主張の一つであったとするなら、量の体系はペリー運動の延長上にあるものといえよう。ただ、ペリー運動には体系化への指向が希薄であった。――「数学教育の近代化と現代化」1963（要約）

そこが近代化の限界ともいえた。近代化の背景である近代主義には、ベースに感性の解放があり、論理との関係についてつぎのような主張がある。

近代主義は個人の解放・自由・独立を大きな目標としている。この原則が教育に適用されてくると、子どもの自由ということが中心となってくる。そのさい、子どもの感性的な側面が大きく拡大されてくることになる。それに反して、論理的な側面は、むしろ、抑制されざるを得ない。なぜなら、論理は自由に対する束縛として受け取られやすいからである。論理を子どもの外部からの束縛ととるならば、論理は子どもにとっての敵対者とならざるを得ない。近代主義は、数学教育においてさえ、そのような観点に立った。——同前

「知性の解放のためには論理的思考の発展が前提とならねばならないが、近代主義は解放を感性の分野に限定しようとし、数学のもつ抽象性に消極的であり、不信さえ抱いていた」(「現代化とは何か」1963)と遠山はいう。

ペリーも論理に対してしばしば否定的にふるまい、数学者クラインもヒルベルトの公理主義に否定的であった。日本ではクラインの影響を深く受けた小倉金之助も、「公理主義は公理を絶対的な権威として論理一点張りで進むもので、人間性にとぼしく、青少年の人間形成上のぞましくない」とやはり否定的であった。遠山は近代化運動を評価しつつ、近代化の開花不足を補い、現代数学をとりいれる重要性を説いたのである。

近代数学と現代数学

遠山は「近代化運動は中世的な段階にあった数学教育を近代的な段階にまで引き上げるという役割を演じたが、近代化運動が出発した十九世紀末から二十世紀初頭にかけて、近代数学とは異なる方法をもつ現代数学が出現したのである」と、その性格（方法）の違いを重視する。

関数が主役を演じていた近代数学に対して、現代数学は公理主義と呼ばれ、構造を主軸としている。それをヒルベルトが幾何学において展開してみせた。この公理主義の方法は数学を超えてほかの分野にも波及し、現代数学の主流をなすようになった。
結果的にいうと、近代化運動は出発のときからすでに時代遅れになる宿命をもっており、やがては現代化運動に追い越されるべきものであったが、クラインのような近代化運動の指導者は現代数学の真の意味を理解することができなかった。
数学教育の現代化は、このような現代数学の内容や方法を積極的にとり入れることを主張するものであって、その点ではクラインの近代化とは原理的に異なっている。

——「統一カリキュラムをつくるために」（要約）

水道方式の特徴は「分析と総合」であり、「一般から特殊へ」である。まさに現代数学の方法である。

近代数学では関数の研究が主流であったが、それは原因と結果を分離したうえでそれをあらためて連結する法則、または法則性の表現であった。つまり、〝機能・はたらき〟（function）である。

しかし、現代数学が台頭してくるにつれて関数の意味がしだいに拡張され、写像・対応・操作・変換などの意味をもつようになり、機能よりも〝構造・構成〟（construction）を考えるようになった。現代数学を近代数学から区別するもっとも大きな目安は、構成的ということである。動的から静的への転換ともいえよう。現代数学の主軸としての構造は人間の構想力の産物であり、自由な構想力の完全な解放を意味する。つまり、現代数学が一見、高度に抽象的でありながら工学や技術と直接に結びつく面をもっているのは、そのあいだに構想力という連結項があるからであろう。——「現代化を、こう考える」1966（要約）

現代数学は近代数学の発展ではあるけれど、同方向的な発展ではなく、方向転換的な発展であった。量より構造を中心に据えたのである。つまり、クラインやペリーの近代化運動は、古代・中世的なものを近代化するさいにはアクセルとして作用し、近代的なものを現代化するさいにはブレーキとして作用した。

そこで遠山はみずからが主唱する数学教育の改革運動を「近代化」運動と峻別するために、

あえて「現代化」という言葉を創りだしたのである。

数学教育の現代化

遠山の唱える現代化は解析学（量）を中心とする近代化の完成と、現代数学の成果と方法の導入とを両立させることであり、近代化が恐れた論理性と抽象性をむしろ積極的にとりこんでいくものだった。現代化は現代数学の立場から数学教育を再編成するものであって、「近代化の否定ではなく、その成果を吸収し、消化し、それを越えて進んでいくことである」と、遠山はくり返し主張する。

数学教育の現代化論と現代化運動への基本的な展望を遠山が最初に提示したのは、数教協の第七回大会（一九五九〈昭和三十四〉年・高尾山）である。遠山によると、「現代化」は数学の範囲内における、たんなる改造ではない。

・科学技術の未曾有の発展が進行する時代の要求に応ずる。
・現代数学の成果と方法を（とくに方法を）積極的にとり入れる。

前者はいうまでもない。重要なのは後者である。現代化のためにつぎの三つのものから学びとる必要を提唱した。

❶—児童心理学（認識の微視的発展）
❷—科学史・数学史（認識の巨視的発展）

❸—現代数学

教育を学問の発達と直結させ、そこから新しい内容と方法を吸収して教育そのものを革新するという提言である。

子どもに働きかけ、その中に潜在している能力をよびさまし、人類の共有の財産をわがものにするための準備をととのえてやることが教育の仕事であるとするなら、個々の子どもの発展の法則とならんで、全人類の認識の発展法則を明らかにしなければならない。子どもの認識の発展史が微視的な思想史であるとするなら、人類の認識の発展史は巨視的な思想史であるといってよいだろう。（中略）しかし（中略）微視的にせよ巨視的にせよ、歴史的な発展過程は過去から現在までのものであって、そこには未来への展望は欠けている。（中略）すなわち、正しい教育的系統をうち立てるためには、なおもう一つの観点が欠けている。それは現代科学の立場である。

——「現代数学と数学教育」1959

広い見通しと高い創造力を身につけた人間を育てるために、科学や芸術の現代的達成を積極的にとり入れて、右にあげた三つの視点を有機的にからみあわせ、古い教育を改造していく必要性を主張したのである。

社会的背景

いまやコンピュータは進化しつづけ、人工知能が開発されたりなど科学技術の発達は目をみはるものがあるが、それは一九五〇年代の後半から始まった。遠山が現代化を提唱した背景には、そうした当時の科学技術の急激な発展がある。

当時、日本では行政や企業の管理部門にもオペレーション・リサーチが登場するなど、労働問題や社会生活の実態把握や営業戦略をめぐって、数学が社会に入りこんでくることは必然であった。数学は理工系だけのものではなく、生産・管理・行政などにも急激に進出していき、人文や社会科学をふくむ全分野において数量的処理に成功したのである。「社会の数学化」と「数学の社会化」が飛躍的に進んでいた。

科学技術の発展は、工業部門はいうにおよばず、農業部門における機械化や肥料の化学化、調合の数値化などにもおよび、数学に対する社会的な要求が高まっていた。

国際社会では、産業技術の革新と軍事力の強化をめぐって、アメリカ、ソ連(当時)、イギリスをはじめとする国ぐにが技術開発をめぐって激しい競争を展開、数学教育の改革が国家的・社会的な要請としてあり、それに応えるための教育政策が「数学教育の現代化」という名目で具体化しつつあった。

アメリカ版を直輸入した文部省

遠山が「現代化」を唱えはじめたのとほぼ同じころ、アメリカやソ連でも「現代化」への動きが始まっていた。とくにアメリカの現代化は、現代数学にいちじるしく傾斜し、その方法を直接、数学教育のなかにもちこもうとするもので、そこでは微分積分は「古くなった」と排斥されている。遠山はそれを「連続量（抽象的には実数）を数学教育のなかから追放するもので、関数や微分積分へ発展する道筋を考慮せずに『量の追放』を叫んだクロネッカー以来の理論の帰結である」（同前）と批判する。

はたして微分積分はもはや必要なくなったのか。「数学研究の内部はもとより自然科学や工学・社会科学における関数の役割は依然として大きい。その必要性は、増大はしても減少することはありえない」「数学教育は国民に自然科学や社会科学を学んでいく基礎を与えなくてはならない。としたら、微分積分を追放することは正しくない」（「現代化とは何か」1963／「数学教育の基礎」1960）と、遠山は力説する。

ちなみにエール大学が試作したＳＭＳＧ（School Mathematics Study Group）叢書と呼ばれる数学教科書は、アメリカ版現代化教科書の代表的なものとして日本にも紹介された。一方で英才教育が叫ばれたりもした。遠山は、「英才教育は応急策にすぎない。安直に模倣すべきではなく、正攻法は入念な質の高い凡才教育を行なうべきであり、それを忘れた英才教育は空中楼閣にすぎない」（「科学技術と数学教育」1960）と警告している。

日本では、一九五八（昭和三十三）年の学習指導要領改訂のさい、アメリカの現代化を直輸入するかたちで割合分数などが導入される。そこで、遠山はこれを「超現代化」と呼び、量の体系を基礎に微分積分を重視する自分たちの「現代化」と区別して、つぎのように明確にする。

――「われわれは教科課程の〝現代化〟を目標としているが、決して〝超現代化〟を唱えているのではない」。

世界的な規模で技術革新の嵐が吹き荒れるなか、日本が生き延びていくには質の高い工業を興し、高度の加工を施し、高い付加価値をつけて輸出入のバランスを図らなければならない。

この変化に対応するために数学教育を革新する必要性を痛感した遠山は、「数学の大衆化」と「数学の高度化」を掲げ、高校までの目標として、つぎの三本柱を提唱する（「現代化と数学教育」）。

❶―線型代数

❷―微分積分

❸―記号論理学

科学技術の発達に対応できる数学教育の多様化と集約化である。こうした経過を経て、遠山は一貫カリキュラムの構築へと歩を進めていく。

2　一貫カリキュラムに向けて

一貫カリキュラムへの萌芽

遠山の一九六〇年代はあまりにもめまぐるしい。大学内では教育課程の編成や学部の拡充計画などに委員長役でかかわり、学外では文化講演会、出版活動、研究会の講師、雑誌『世界』の書評委員、読売教育賞の選考委員など、東奔西走の毎日である。

数学教育の改革運動における一九六〇年代後半は「一貫カリキュラム」の試案づくりと「授業研究」がおもな仕事になる。遠山は現代化運動を進めるなかで、教材と授業を両輪とする実践的な研究の重要性を痛感していた。

カリキュラムの呼称については、「一貫」でスタートしたものの、どうも安っぽいといいだして「統一カリキュラム」に変更もしたが、「小・中・高一貫」のイメージから数教協の会員のあいだでは「一貫カリキュラム」が一般的になった。

「数学教育の現代化」運動を進めながら「一貫カリキュラム」が数教協の全国大会でスローガンとして掲げられるのは一九六四（昭和三十九）年（第十二回・身延山）であるが、その萌芽は一九五七（昭和三十二）年・第五回の「小学校の比例／中学校の論証（初等幾何）／高校の微分積分」の提案に早くもみられる。

その後、実践研究がさまざまにおこなわれる。当初、それらは分散的であったが、研究が進んでいくうちに、たとえば、方眼は二次元量としての座標の出発点であるし、折れ線の幾何も長さや角度によってつくられた多次元量とみられるし、線型代数も多次元の量として位置づけられる——というように、孤立していたおのおのの点がたがいに触手を伸ばして結びあうようになり、数学教育を覆う網の目の大まかな姿がおぼろげながら浮かびあがってきた。

遠山は「一貫カリキュラムは数学教育の全体像を与えるもので、いわば世界地図のようなもの。すべての人が海外旅行をするわけではないが、世界の地理を知らなくては外国からくる報道や情報を十分に理解することはできない」といい、「たとえ小学校の教師でも、いまあつかっている教材が中学校・高校・大学に向かって、どう発展していくか、そのつながりを知っているほうが望ましい。たとえ世界旅行をしなくても、世界地図をよく知っておく必要がある」と説明し、体系的な内容づくりを強調したのである。

しかし一方で、一九六五（昭和四十）年の遠山の日記にこんな記述がある。


「統一カリキュラム」の原稿を書きはじめる。この原稿を百〜百五十枚書いて、これをもとにして締めくくりの本を書くことにする。いいかげんに数学教育にピリオドを打ってほ

かの仕事に移る必要がある。――1965.4.30

遠山はひそかに数学研究への復帰を考えていたのであろうか。いまとなってはたしかめようもないが、このとき取り組んだ試作が「現代化のカリキュラム試案」と「統一カリキュラムをつくるために」（いずれも1965）である。

現代化カリキュラム試案の観点

遠山によれば、「現代化」のよりどころは現代数学の内容というよりも、とくにその方法を積極的にとり入れることにあったが、それをつぎのように整理して提示する。

❶―構造

数学史における近代と現代を区別するもっとも重要な標識が「構造」である。これを打ちだしたのはブルバキである。ブルバキは数学を建築術になぞらえた。素子＝材料、構造＝設計図である。量は構造的側面と素子的側面をもっているが、どちらかといえば素子的である。しかし、単位導入の四段階指導は連続量の構造的な側面であるし、十進構造も分離量の構造化である。このように全体的にみれば、量は、より大きな構造の素子という側面を強くもっている。

具体的なものは、一般的にそれ自身の構造をもっている。それらのものから構造をとり去り、無構造な素子の集まりと考えたとき、カントルの「集合」が生まれる。

❷—文字

今日まで、文字は量または数の一般化としてだけ考えられていた。しかし、そればかりではなく、関数も操作もすべて文字で表わされる。ワイルのいうように、文字は「空虚な場所」である。さらに細見すると、定数・未知数・変数となる。

❸—シェーマ

シェーマは論理的に規定された構造の感性的なモデルである。関数を表わすグラフも、実数を表わす数直線も、数教協が開発したタイルも水槽もブラックボックスもその例である。適切なシェーマを工夫することは数学教育にとって大切なことである。ただし、シェーマはモデルの一側面を表わすものであって、全面的にその構造を表現するものではない。

❹—アルゴリズム

一定に順序づけられた操作の連鎖をアルゴリズムという。シェーマが視覚的・空間的であるのに対して、アルゴリズムは時間的である。ユークリッドの互除法も、数教協のいう単位導入の四段階指導も、除法における「たてる」「かける」「ひく」「おろす」もアルゴリズムである。このアルゴリズムを明確につかませることは数学教育において重要である。

❺—一般と特殊

高級な原理ほど低級な原理を包摂して、それらを一望のもとに見渡せる視点を与えてくれる。これはあらゆる科学に共通した傾向であるが、数学ではそれが著しい。たとえば、整数のつぎに分数を導入したら、整数は分母が1の分数とも考えられる。つまり、概念の拡張がおこなわれたとき、もとの概念は新しい概念の特殊な場合であることをしっかりと押さえておく。

❻—分析と総合

人間の精神活動はもっとも低次の知覚から高次の思考にいたるまで、「分析—総合」という、相反していて、しかも表裏一体をなす二つのプロセスに貫かれている。この分析—総合の対象は実体にも操作にも関係にも向けられるが、いずれも複雑な「構造」を分解して単純な「素子」に分け、それをふたたび総合して全体的な「構造」をつくる思考である。合成数を素数の積に分解することも、多項式を既約多項式の積に分解することも典型的な分析である。——「現代化のカリキュラム試案」1965(要約)

❼—操作

分析—総合とならんで現代数学のもっとも重要な方法となっているのは操作的な方法である。たとえば、スイカの熟成ぐあいを見るのに二つの方法がある。直接に割ってみる解剖法は分析的な方法で、外からたたいて反響をみる打診法は、いうなれば操作的な方法である。この操作的な方法を数学のなかにもちこんだのはガロアで、一定の条件を満たす操作の集まりを「群」と名づけた。分析―総合の方法が静的な構造の型を問題にするのに対して、操作的な方法は運動と変化の側面をつかむのに適している。——「数学の方法」1959（要約）

遠山は小学校から大学一年生くらいまでの教材を念頭に一貫カリキュラムを構想していた。その体系は五つの柱からなり、このうちもっとも早く現われ、かつ、もっとも重要なものは量であるが、これらの柱は「建築物の場合と同じく、数多くの梁(はり)で固く結びつけられ、全体として堅固な土台の上に安定していなければならない」という。

❶量——量の等質性と集合／分離量と連続量／量の法則から数の加減乗除へ／内積／整数論／線型代数／二次形式／非線型代数／複素数／オイレルの定理／複素関数論

❷集合——集合の意味／関数／指数関数／微分／積分／極限／最大値定理／中間値定理／テーラーの定理／微分方程式

❸論理——論理の系統／確率

❹空間（平面や三次元空間も図形の一種とみることはできるが、それらは他の図形の存在する容れもの、すなわち空間としての特殊な役割をもっている。だからそれは他の図形とは区別して特殊なとりあつかいをする）

❺図形——折れ線の幾何／三角法／球面幾何／二次曲線／測度論

——「現代化のカリキュラム試案」（要約）

こののち、一九七〇年代には、遠山は一貫カリキュラムを維持しつつ、その一方で「たのしい」や「数楽」をキーワードにバイパス教材やゲームの算数・数学を開発して、競争原理を超える数学教育をめざすことになる。

3　なぜ数学を学び、教えるのか

遠山は膨大な量の原稿を書いている。それらはいわゆる学術論文とは異なり、つねに数学教育の実践や運動と密着して書かれてきたので、時代状況を念頭におかなければならない。とくに、水道方式の創出前後の一九五〇年代の後半から、「現代化」がテーマになる一九六〇年にかけては、かなりまとまったかたちで数学教育の基礎論を書いている。そこからおもに二つの論文をとりあげ、概観してみる。

正確さへの意志

人間はなぜ数学を教えるのか。あるいは、なぜ学ぶのか。だれしもが一度は疑問に思い、発する問いである。もちろん、数学が人間形成にどのように役立つかを立証することは、そう簡単ではない。このころの遠山は、どう推測したのであろうか。「数学と人間」(1956)を手がかりに探ってみよう。

遠山は、とくに初等数学を貫いている背骨は形式論理であるとし、教育としては、形式論理が人間形成にどのような関連をもつかという問題に立ち入らないわけにはいかず、この段階を無視していきなり弁証法的な論理を身につけるのは困難であるとする。

形式論理の中核をなすものは何だろうか。それはおそらく排中律であろう。(中略)この法則が崩れたら、形式論理は無に帰する。排中律はイエスかノーかを要求して、その中間を許さない。数学のもつ厳しさは排中律の厳しさである。(中略)この排中律のもつ一面性と偏狭さを批判して、対立物の統一をとくのが弁証法である。
――「数学と人間」1956

だが、排中律を乗り越えようとするとき、その統一が安易におこなわれる危険があることを、遠山は魯迅(ろじん)の『阿Q正伝』の例をひきながら伝える。

阿Qは対立物を頭の中だけで統一することの名人だった。彼には精神勝利法という奥の手があった。どんな恥辱を受けても、彼の自尊心は傷つかなかった。恥辱か名誉かという排中律は彼の中にはなかった。彼は恥辱と名誉という対立物を統一することができた。しかし、その統一は、悲しいことに頭の中でしか起こらなかったのである。（中略）はげしい圧力の下におかれるとき、あらゆる人にこの精神勝利法はしのびよってくる。——同前

だから「排中律は軽々しく取り去ってはならない」と書く。

矛盾は激しい闘争によってしか統一されないからである。ヘーゲルは排中律に固執する悟性の偏狭さと限界を指摘しながらも、一方では悟性の価値を高く評価している。（中略）ヘーゲルは悟性の頑固さ（Hartnäckigkeit）ということを言ったが、この頑固さこそが人間の性格というものの本質的な部分なのである。——同前

魯迅は阿Qのなかにひそむ精神勝利法をえぐりだし、これをある典型にまで高め、植民地の人民が落ちこむ精神的なワナまでも照らしだしているが、それを可能にしたのは魯迅の精神のなかにそびえたつ厳しい排中律であり、魯迅のこの骨の硬さは、彼が青年時代に医学を志したことと無縁ではないだろうと、遠山は書く。

この論考は、数学からだけではなく、いろいろな分野、さまざまな時代の思想や作品を手がかりに展開する。漱石の『坊ちゃん』、フランクリンやジェファーソン、リンカーンの手紙や

教書や演説までもが登場する。

> 数学という教科は（中略）ものわかりのよい文化人をつくるうえにはたぶん役に立たないだろう。ものわかりのよさ、デリケートな感受性、敵をも許す寛容さ、といった性格を養うためには、数学は無力であろう。（中略）数学は芸術ではない。数学の主要な性格は美しさにはなく、厳しさにあるからである。だが、正邪を見分ける判断力、不正や虚偽を憎み、これと妥協しない強固な性格、困難と戦ってこれを征服する忍耐力を子どもたちの中に形造るうえには、数学のもつ正確さと厳しさが役に立つだろう。——同前

数学に内在する「論理性」や、数学のもつ「厳しさ」「頑固さ」「正確さ」などが人間の思考をいかに鍛えるかを、遠山はくり返し訴える。亀井勝一郎の「数学はただ数学ではなく、正確さへの意志を訓練する人間の学だということを、それとなく教えるべきだ。数学者は人間学研究家でなければならぬ」という言葉を紹介して、数学を教えることの意味、学ぶことの意味を強調した。

普遍の要求と時代の要求

つぎに、「数学教育の基礎」（1960）をみてみよう。

数学教育の教材を選択し、配列するためには、教材が論理的統一をもち、しかも、それが子どもの心理的能力にとってふさわしいものでなければならない。しかし、論理性と心理性は必要条件ではあるが、まだ十分条件ではない。そこからは「何を（教えるか）」と「いかに（教えるか）」はでてくるが、「なんのために」という観点が欠けているからである。それに対する答えは数学教育の枠のなかには発見できない。数学教育をとりまく外部からの要求に耳を傾けねばならない。——「数学教育の基礎」1960（要約）

遠山はその要求を二つに大別する。一つはいかなる時代や社会制度のもとでもそれほど大きく変化しないだろうと思われる要求（一般的な要求）であり、もう一つは、時代と社会制度によって鋭く影響を受けると思われる要求（特殊な要求）である。

前者についてはつぎのように分析する。

数学教育は正しい思考力を育てる点で人間形成に役に立つという考えは、プラトン以来、綿々と続いてきた。たしかにある程度までは正しいだろうが、仮説にすぎない。じつのところ、「人間形成」も「思考力」も定義があいまいで、そのあいまいさのすきまから緑表紙に「流水算」や「つるかめ算」が入り込んできたように、この説明では数学教育の内容や方法を具体的に決定する目標にはなりえない。ただ、数学教育が数学の知識を教えることのほかに、子どもたちが自分では意識しないような思考の枠もしくはカテゴリーを形成するうえで大きな役割をもっているであろうことは予想できる。数学は一種の言語であるとすれば、言語がたんに思考を伝達するだけでなく、思想のカテゴリーを形成するのと同じように、数学も思考のカテゴリーを形成するうえで大きな役割を演ずるものと考えてよいだろう。そのような意味で、数学は国語とともに基礎学力とみなされているのであろう。——同前

だが、たとえば、電子工学の発展によってソロバン学習が消えるように、「同時に数学は、社会的な要求の影響を受けやすい点が国語とは異なる」と続け、後者の「特殊な要求」についてはこう述べる。

現在の、そして未来の数学教育に対する社会的要求に敏感でなければならない。そのためには不断に進行する技術革新の方向と規模についての巨視的な見通しをもつ必要があり、そこで要求されるのは、これまでのような狭い専門的知識しかもたない専門屋ではなく、自然や社会に対する全体的見通しをもった人間であろう。

科学技術の急激な進歩、社会科学や行政管理の数量的処理方式の発達にしたがって、従来

の伝統的な教材の大幅な変更が必要になるだろう。そのためには、これまでになかった新しい教材のとり入れと並行して、古くなってしまって必要のなくなった旧教材の大胆な切り捨てを積極的に実行していく必要がある。——同前

「なぜ、数学を学び、教えるのか」を語るさい、遠山はつぎのように結ぶことが多かった。

(守るべきいくつかの原則の一つが)数学教育は数学者をつくるためのものではなく、国民が自然科学や社会科学を学んでいくための基礎を与えなければならない、ということである。この原則が正しいとすると、国民教育のなかから微分積分を追放することは正しくないと思われる。そればかりではなく、数学者をつくるという目的のためにも、それはまちがっているといえよう。もともと微分積分をぜんぜん知らない数学者は想像することさえできない。——同前

4　教育政策と学習指導要領

生活単元学習への批判以来、遠山の学習指導要領を中心とする教育政策への批判は激しい。なによりもまず、徹底して子どもの側に立つことを優先していたし、一方で、数学が権力によって汚され、歪んだかたちで子どもたちに手渡されることに我慢がならなかった。それは子どもたち自身をも歪めると、生涯、警鐘を鳴らしつづけた。

ここでも遠山の視点はつねに複眼であって、全面肯定でも一掃的否定でもない。批判の矛先は文部省に向けられると同時に、日教組や民間教育団体など教育運動側にも向けられる。

勤務評定と五段階評価

一九五〇年代後半から一九六〇年代にかけて、公選制から任命制に変わった教育委員会制度のもとで、教師たちに対する勤務評定が強行される。一九五八（昭和三十三）年をピークに反対闘争が全国的に起こった。ひとりの人間をほかの人間が評価できるかという問題である。

それとならんで、子どもの学力評価の問題がある。一方は勤務評価、もう一方は学力評価であるが、ともにガウス分布にもとづいているから、評点の原則は同じである。

ガウス分布は無数に存在する分布の型の一つにすぎないのだが、「正規分布」という別名の訳語があるために誤解のもとになっている。これが唯一の正しい分布ではないのに、教育の世界では絶対的ともいえる権威をもっている。

「子どもの集団は四十人か五十人であり、しかも自由放任ではなく、子どもは意志をもっている。この分布が成立するわけがない」と、遠山は五段階評価をコッケイと笑いながらも、「人間に対する侮蔑である」と憤りをあらわにした。

その憤りは体制側に対してだけでなく、教師たちの勤評反対運動に対してもはっきりしている。「勤務評定も子どもの学力評価も同じ原理なら、不合理性は同じである。勤務評定に反対するなら、子どもの五段階評価にも反対すべきであって、そうしないのは自己矛盾だ」と注文をつけた。運動側は不意をつかれて困惑したが、ある組織の幹部からは「あなたのいうことはわかったが、それは条件闘争になるから、その問題にはタッチしない」という答えが返る。遠山は「子どものために当然なすべきことを闘争のかけひきのために伏せておくようでは困る。これは一つのエゴイズムである」と手きびしかった（「新しい学力観と教育」1960）。

学力、評価、試験

「学力」とか「評価」とかいうものは教育にとってきわめて重要なテーマであると同時に、きわめてやっかいな問題でもある。ましてや双方をあわせた「学力評価」はさらにむずかしい。

科学には適用範囲が厳密に制限されていることはいうまでもない。ガウス分布を相対評価に利用する不合理はすでに明白であるが、遠山は「競争試験と相対評価の関係」や「絶対評価の基準と適用範囲」などについて、問題が複雑なだけにていねいで精密な検討を訴えつづけた。そもそも「学力とは何か」という問題が根底にある。

教育界における学力問答がえてして易者の人生占い的になってしまうのはなぜかとしたうえで、つぎのように書く。


精密科学的な照明を当ててみることは意義のあることであろう。まず「計測可能な学力」と「計測不可能な学力」に分けてみることが必要であろう。また、ほとんどの場合、学力の実体は単純な単線型ではなく、いろいろな力が複合している複線型である。その複線型を単線型の点数で計測することじたい無理であり、しかも、それに配点をすることはあまりにいいかげんである。――「学力とはなにか」1962(要約)

「いまおこなわれている学力評価には理論的な根拠は何もない」と遠山は一刀両断にする。そこで、つぎのように提案する。

広く学力といわれるもののなかから計測可能なものを正確にふるいだす。その評価を客観的に決定する方法なり、手順なりを探しだす。そして、計測不可能な学力は思いきって切り捨てる。

「競争試験か能力試験か」というモノサシも重要である。もし試験のもつ歪みが「競争」からくるとしたら、その因子をできるだけ小さくしていって、自己反省のための「能力」の判定という方向に試験の内容と方法を切りかえていくように努力すべきであろう。

——同前

これが一九六〇年代初頭の遠山の学力観であり、一九七〇年代に「点数信仰」「点眼鏡」「得点力」といったキーワードで唱える学力評価批判の素地である。

学習指導要領の変遷

戦後から一九七〇年代初頭までの小・中学校における学習指導要領の変遷は以下である。学習指導要領は「五八年指導要領」というように、実施年よりも告示年で通称されることが多い。

❶——一九四七年　学習指導要領（試案）＝戦後の混乱の整理

❷——一九五一年　学習指導要領全面改訂（試案）＝生活単元学習

❸—一九五八年　小・中学校学習指導要領（告示）＝学力水準の引き上げ、割合分数
六一年　小学校で実施
六二年　中学校で実施

❹—一九六八年　小学校学習指導要領の改訂（告示）
六九年　中学校学習指導要領の改訂（告示）
　　　　教育内容の現代化
　　　　算数で集合、社会科で神話の登場
七一年　小学校で実施
七二年　中学校で実施

一九五一年版の生活単元学習についてはすでに詳述してあるので、一九五八年版と一九六八年版について、算数・数学を軸に、その特徴と遠山の論述を概略する。

一九五八年版への批判——学力水準の引き上げと割合分数

一九五一（昭和二十六）年の学習指導要領・試案（生活単元指導要領）が激しい批判にさらされ、ついに新指導要領が告示されたのは一九五八（昭和三十三）年であった。これは数教協が通称「割合指導要領」と呼ぶものだが、遠山は制度と内容の両面からこれをきびしく批判した。

特徴の第一は「試案」の文字が消えて拘束力が強まり、指導要領から少しでもはみだした内容の教科書は検定で落とされるようになったことである。検定とはいえ、事実上は国定と同じ

で、教科書の自由度がほとんどなくなってしまった。

遠山はその制度改正を「内容を指導要領で厳しく規制すれば、国の目的は十分に達しうるし、しかも、その内容は著者と教科書会社の責任となるのだから、体制側にとってもっとも都合のよい制度にちがいない」（「学習指導要領改訂と科学技術政策」1968）と指摘する。

このとき、文部省は生活単元学習をひっこめ、これまで「数学を教えるのではない」といっていた説明を一八〇度転換して「数学を教える」と主張しだした。学力水準も一年ないし二年分が引き上げられた。たとえば、一九五一年版では、分数・小数の乗除が中学一年ではじめてでてきたのに対して、一九五八年版では小学校の五年・六年になった。また、乗法の九九も小学三年から二年となった。しかし、二年生に九九のすべてを教えてはならず、一部は三年生に残しておかないといけなかった。このおかしさは学習指導要領の作成者たちの意見の不一致をそのまま反映した結果の、政治的配慮だと遠山は推測した。

遠山の最大の懸念は低学年から割合を教えようとしたことである。「割合は二つの数の関係を示す概念であって、量概念を系統的に指導したあとにはじめて理解できるものである。したがって、低学年から教えても理解できないばかりか、量概念の形成の妨げになる」（同前）と、遠山は指導要領の告示段階から主張し、撤回を要求していた。だが、文部省は割合を現場にもちこんだ。結果は危惧したとおりとなる。

そのことをはっきりと証明したのは、皮肉にも文部省の学力テストであった。割合の問題に対する正解率は二〇パーセントから一〇パーセントのあいだだったのである。したがって、つぎの改訂では、割合はまったくといってよいほどに姿を消している。

一九六八年版への批判——数学の現代化と神話の登場

一九六八（昭和四十三）年改訂の学習指導要領で、文部省は「現代化」を掲げた。この改訂を遠山は、たとえ模倣であるにせよ「集合・関数・確率という新しい術語が入ってきたことは注目すべきことであろう」とその点は評価しつつも、つぎのように続ける。

今度の指導要領を見ると、集合という言葉を教えることで終わっているとしか思えない。しかし、それが量や数、論理や空間などにどう発展していくかが重要なのである。関数についても同じで、関数という言葉はでてくるが、算数教育のなかでどう位置づけられ、さらに教室でどのように教材化するか、その意図は不明である。確率にいたってはさらにあいまいである。確率は〝確からしさ〟とは違う、はるかに高度な概念であり、厳密な意味での量である。量を体系的に指導していかなければ理解できないものだが、今回の改訂でも前回と同じく量は重視されていない。ようするに「現代化」といっても、かけ声にすぎない。——同前（要約）

学習指導要領の実施にともない、遠山の危惧は的中する。とくになんの準備もなく小・中学校にとり入れられた集合は、大量の「落ちこぼれ」現象をひきおこし、一九七〇年代の日本の数学教育、ひいては教育全体の憂慮すべき事態を招く主因となる。遠山は教える側の責任を明確にすべく、この現象をあえて「落ちこぼし」と呼んだ。

もう一つ、この改訂の大きな特徴は社会科にあった。「神話」の登場である。

それに対し、遠山は「神話は古代人の世界観を知るうえでは不可欠であり、たとえば、文学教材として導入されるのなら、あえて反対することはない。しかし、社会科のなかでそれが一つの事実として教えられるとなると、その意味は重要である。もしそうなったら、戦後教育の成果はすべて洗い流されて、敗戦前の教育にもどってしまう危険さえ感じられる」(同前)と批判した。

つまり、この改訂は、自然科学的な教科では、おざなりながらいちおうは「現代化」の方向に向かっていながら、社会科学的な教科では明らかな逆行がみられたのである。遠山は「自然科学の前進と社会科学の後退」とコメントした。そのうえで、この現象を「少しも不可解ではない」といい、つぎのように読み解いている。

——はげしい国際的競争のなかに立たされている日本の資本主義は、工業製品を質的・量的に改良する必要に迫られており、そのためには技術者や労働者の自然科学的知識を向上させることを（国は）望んでいる。しかし、その反面において社会の仕組みを科学的に洞察する能力が高まることは欲していない。つまり、そこで設定されている〝期待される人間像〟は〝文句をいわずに働く、頭と腕のいい労働者〟だということになる。――同前

「文句をいわずに働く、頭と腕のいい労働者」とは、つまり、遠山の標語によれば「手に技術を、心に日の丸を」ということである。これは体制側の教育政策が内包している基本的矛盾であるとする。

それに対して、遠山には「もともと人間は統一的な全体であって、自然については合理的に考えながら、社会については非合理的に考えることは困難なものである」という人間観が基底としてあり、自然科学的な分野で養われた合理的思考法が、社会を見るさいにも、そのまま転移して、「自然と社会とを統一的に把握できる人間」を育てる教育の創造をつねに強調した。

学習指導要領無用論

戦後から一九七〇（昭和四十五）年まで、大枠でいえば、四回にわたり学習指導要領がだされた。結果的にいうと、どれも失敗であった。

もともとこれ（学習指導要領）はアイマイな存在である。文部省は、これは正式に法的な拘

束力をもつものであって、これに反することを教える教師はビシビシ処罰しようと考えている。現に九州のある高校では処分問題がおきている。しかし、厳密に考えていくと、その根拠は疑わしい。法律なら、国会の審議や議決を経るというのが民主主義の原理であるが、指導要領が国会で審議されたという話はきいたことがないし、そうかといって文部省に委託したというわけでもなさそうである。（中略）世間の常識からいうと、「……要領」という名のついたものは〝これを参考にして要領よくやりなさい〟というくらいのものであろう。——「文部省学習指導要領」1970

数学教育がめまぐるしく大変化を経ているときに、上からの統制を加えることがまちがいなのである。一つの規定が十年近くも拘束力をもつことは、どう考えても不合理である。指導要領がなくなったら大混乱が起こるのではないかという恐れをもつ人があるかもしれないが、それこそ杞憂というものである。せいぜい一年では最低何をやる、二年には何をやるという最低限を規定した簡単な申し合わせがあれば十分である。こと細かに規定するから、現場の教師の創意は押しつぶされてしまい、新しい発展が望めなくなる。——「学習指導要領無用論！」1965（要約）

そう主張し、だから「最善の方法は拘束力のある指導要領などつくらぬことだ」というのが、遠山がだした結論である。

政治と教育

遠山が民間教育運動に対して危惧したひとつは「政治と教育」の関係であった。たとえば、政府が打ちだしてくる「人づくり政策」は、「使いやすい労働力の育成」が明らかであったとしても、全面否定か全面肯定かという二者択一では役に立たないと考えていた。

なぜなら、前述したように「子どもの頭はひとつ」であるので、たとえ科学や技術を偏重する教育であったとしても、知識はそこにとどまらない。地動説を知った子どもは人間や社会についても科学的に考える可能性が生まれるからである。つまり、どのように局限された知識でも、世界観にまで発展する萌芽をふくんでいる。だから、「政治が人間を支配しようとするときには、いつでも世界観の形成をめざす道徳教育をともなってくる」と遠山は警戒する。一九五八(昭和三十三)年に「道徳の時間」が特設されたが、それは強められながら今日、教科化されるに至った。

政治は外から人間を動かそうとするし、教育は人間を内部から変えていこうとする。それは太陽と風神が旅人の外套を脱がせる競争をしたというイソップ物語によく似ている。政治は風神のように人間の外側から働きかけてくるし、教育は太陽のように人間を内部から

暖めようとする。政治も教育もそれなりに強く、また、それなりに弱い。強制力では政治は圧倒的に強いが、人を納得させる点では無力であることもある。それに対して教育は強さと弱さが裏腹の関係になっている。政治と教育の特有の強さと弱さをはっきりとつかむことが、何よりも大切である。(中略)
アレキサンダー大王がゴーデヤ王の結び目を剣でたち切ったように、政治は結び目をたち切ることによって(短時間に)解決する。だが、そこでは何か貴重なものが失われる。しかし、教育はもつれた紐を根気よく(長時間かけて)解きほぐしていく。性急な人びとをいらいらさせるほどゆっくりしているが、紐は損われることがない。教育と政治の深いかかわり合いと、その差別を正しくつかむことに成功したら、この(民間教育)運動は根強く発展し、日本の文化を基盤から変えていくものにまで成長するだろうと期待できる。
――「教育改革と民間教育運動」1963

第6章

人間の文化としての数学

一九六〇年代（五十歳代）❸

遠山は機を見るに敏である。理工系学生急増の機運をとらえ、『数学セミナー』の創刊に編集顧問として参加したのもそのひとつであった。五十代の遠山は気力も体力も充実し、膨大な量の原稿を書いている。なかでも文化や歴史をふくんだ数学論は遠山の往年のテーマである。この章ではおもに一九六〇年代に書かれた遠山の数学観を本質・特質・方法・歴史・未来の順で概観してみよう。

1 数学という文化

数学は人間の創造物である

「数学は人間が創りだした文化である」――これこそがおそらく遠山が提唱した数学観のもっともベーシックなテーゼである。しかし、一九六〇年代、これは唐突ともいえる主張であった。

それまで「数学は文化」とは考えられていなかったからである。

自然科学は純粋に客観的な科学であり、データの積み重ねで、人間の自由な想像力のはたらく余地のない分野という自然科学観が根強い。とくに数学は数字や数式、文字記号の集まりで、いかにも不確定性やあいまいさを許さない、人間から遠い学問であるかに見える。たしかに外貌はそう思えるが、はたして――と遠山はいう。

(自然科学の)探究者の前にははてしない未知の曠野が横たわっている。それは闇に包まれている。彼は想像力という探照燈を手にして、その闇のなかを進んでいる。それはぼんやりと前方を照らす。それをみて、彼はさまざまな予想をめぐらし、仮説を組み立て、さらに近づいて、おのれの仮説が正しいか誤っているかを確かめる。多くのばあい、その仮説は誤っている。そして、その誤った仮説を出発点として新しい仮説が立てられ、このようにして少しずつ前進していく。数多くの誤った仮説のなかから、一つだけが真理として生き残る。(中略)自然科学の歴史はおびただしい誤った仮説の堆積の上に築かれているのである。

想像力のない人間はなにものをも創りだすことがないかわりに、誤ることもない。しかし、自然科学を前進させた人びとは豊かな想像力に恵まれているために、多くの誤りを犯した人びとでもあった。たとえば、近代の天文学を創りだしたケプラーは、ひとつひとつの遊星は妙なる音楽を奏しながら太陽のまわりをめぐっているものと想像し、その音楽の音譜さえ書き残している。このように過剰なほど豊かな想像力が彼を大天文学者にしたのである。

もちろん、数学とても例外ではない。数学はけっして素通しの眼鏡ではなく、むしろ、想像力というレンズによって組み立てられた複雑な光学機械に似ている。それは現実を拡大したり、縮小したり、あるばあいには歪曲したりして人間の頭脳に投写する。たとえば、微分は無限大の倍率をもつ超能力の顕微鏡のようなものである、ともいえよう。

――「文化としての数学」1973

数学神授説はなぜ生まれたか

数学者の山口昌哉(やまぐちまさや)によると、当時の一般的な「文化」観として、自然科学などの学問さえ、文化の範疇に入れるにはためらいがあったという。自然科学は技術と関係があることから、文化よりもむしろ文明へ入れていた。ことに文化庁などでは、文化といえば古美術・古建築・茶道・華道・柔道……などをいい、数学などは相手にもしてもらえなかったという(遠山啓著作集『数学と文化』解説)。

それにしても、なぜ、数学は人間とかけ離れた雲の上の理論であるという風潮が生まれてしまったのか。原因として遠山は、「発生時期の古さ」と「教え方」の大きく二つをあげている。

❶—数学は発生時期がもっとも古い学問のひとつであり、四千年前のエジプトやバビロニアでは、今日の小学生が学ぶ程度の数学はすでにできあがっていた。だから私たちはその時代の数学が、いかなる刺激を受けてどのように創られたかを知ることができない。神が数を創って人間に教えたとする思想（数学神授説）は古代宗教のなかにいくらでも発見できるだろう。近代にも、このことをはっきりとのべた数学者がいる。たとえばクロネッカーは「整数はわが愛する神が創り給うた。それ以外の数は人間業にすぎない」と唱えた。
❷—0の意味も位取りの意味も教えず、いきなり加減乗除を教えるように、すでにできあがったものを天下り式に子どもに注入する数学教育のあり方に原因がある。数学はなにもまして頭で考えていく教科だという建前にはなっているが、それは表看板だけで、実際は暗記を主にした教科になってしまっている。——「文化としての数学」（要約）

数学論への関心と『数学セミナー』の創刊

一九六二（昭和三十七）年、日本評論社から『数学セミナー』が創刊される。創刊号は四月号であった。日記によると、前年の六月二十二日に日本評論社の野田幸子（のだゆきこ）が編集顧問就任の依頼に遠山を訪れている。「いわゆる受験雑誌ではなく、大学の初年級に基礎をおいて教育問題をはじめ、広く数学のトピックスを紹介する雑誌を」と説明したところ、遠山は「ぼくも時間とお金があったら、こんな雑誌を創りたい」「泥臭くてもいい。理論の仕組まれた舞台裏の幕をはずしてみせてやればよい」と意欲を示し、快諾したという。『法学セミナー』『経済セミナー』がすでに創刊されていて、版元はその成功に倣った。

表紙には「遠山啓＋矢野健太郎＝編集」とあるが、編集委員会は赤摂也と清水達雄を加え、四人で構成されていた。毎月一回のペースで集まり、四人の数学者が数学論議を闊達に交わすのを聞きながら、編集部がヒントを拾い、自由に編集していた。もっとも、話題は政治から芸能まで豊富だったという。遠山は創刊から亡くなるまでの約十七年間、ほぼ皆勤であった。斎藤利弥は遠山の数学に取り組む姿勢の転換を、つぎのように追憶している。

研究者であった頃の遠山さんは、数学観というようなものについて語ることをしない人であった。彼の語る数学の話は、つねに具体的なテクニカル・ディテイルを伴ったことばかりであった。（中略）数学についての自分のフィロソフィーらしきものを語るようになったのは、彼が数学の森の中の猛獣であることをやめてからのことである。（中略）遠山さんが教育者として成功したのは（中略）数学という学問のからくりに精通していたこと、そして同時に、数学がわかるというのはどういうことかをよく知っていたこと、この二つがその理由ではなかろうか。——斎藤利弥「30年前」

この転換点とは、数学研究から数学教育の改革へと、遠山が研究と活動の軸足を移した一九五〇年代前半をさしていて、五〇年代中盤以降は数学の専門論文よりもフィロソフィーの強い数学論を主テーマとする原稿を雑誌などに多く書くようになる。だが、日記には、すでに一九四〇年代から数学の創造性や数学史への思索をくりひろげている様子が随所にみえる。

- 数学における真の創造的なものは論理ではない。感覚である（神秘的なものと混同されるおそれがあるから直観という言葉は使わない）。このことは観念論の裏づけではなく、まさに唯物論の真理性と、その豊富性を物語っている。眼の前に見える机や石のように明らかになったとき、初めて飛躍が行なわれる。——1948.10.17
- 数学における弁証法の必要をますます痛感する。発展させようと思えば、必然的に弁証法的たらざるを得ないのだ。——1949.5.13
- ガロア体論の新しいハーモニー、この探究が自分をひきつける。このようなハーモニーに対する感覚においては決して人後に落ちないつもりだ。——1949.9.12
- Cantor を読み続ける。数学史の研究が純粋数学の研究にも益するところは多い。ますますこれを続けなければならぬ。「Pythagorasの定理の話」も準備の要あり。ピタゴラスのところ読み終える。歴史のおもしろさが次第にわかってきたようだ。——1949.12.31

・微分積分学はよく高等数学といわれている。高等という言葉の裏には「凡人には分からない」という意味が含まれてはいないだろうか。このような「高等」という言葉のおかげで、微分積分学が雲の上に敬遠されてしまうのであったら、その言葉は止めにしたほうがよいだろう。 ——1951.6.30

数学と現代文化

遠山は『数学セミナー』創刊号に、創刊のことば「数学と現代文化」を寄せた。それはこんな書き出しである。

> 数学は雲の上の仙人のやる学問だ、というのがこれまでの常識だった。ところが、仙人ならぬ生きた人間が雲をつきぬけて月までも、あるいは金星までも行けるようになった今日では、数学も仙人の学問ではなくなって、生きた人間にとって欠くことのできない知識となってきた。 ——「数学と現代文化」1962

このころ、数学の他分野への進出はいちじるしかった。物理学や天文学、工学はもちろん、実生活との接点も多くなり、電気回路などにも利用される。応用の必要から調和解析やエントロピーといった新部門や新概念が数学のなかに開拓され、また、統計学が国家的な経済計画や社会科学のなかにも広く侵入する。さらに芸術のなかにも入りこみ、群の理論が建築家やデザイナーに深い影響を与えたりしていた。

科学技術はいうに及ばず、社会科学から芸術に至るまで、現代文化のあらゆる局面に数学が登場してくることは二十世紀後半の特徴であろう。このような時代に活動するためには、ある程度の数学を身につけることが、どうしても必要になってくる。そのことに気づいて、おくればせながら数学を勉強しなおそうと思っている人びとは多い。しかし、多くの人びとはつぎのように考えて立ち止まってしまうのではなかろうか。

「数学が必要なのはわかるが、この年になって、幾何・代数・三角法などを、もう一度やりなおすのはやり切れない。どうしたものだろうか？」

新しい数学を学ぶのに、昔のように曲がりくねった道を通る必要はなく、もっと手軽な近道がいくらでもある。——同前

満を持しての、数学文化の「啓蒙化」と「大衆化」の開始である。一九六二（昭和三十七）年といえば、東海道新幹線の開通や東京オリンピック開催の二年前であるが、遠山は現代文化のあらゆる分野に数学が浸透し、数学の必要性が高まるのを確信していた。

以後、遠山はこの雑誌をホームグラウンドに、数学の初歩的・入門的な解説や数学文化論を

縦横に展開する。連載をもとに『ベクトルと行列』（一九六五年）、『微分と積分』（一九七〇年）、『初等整数論』（一九七二年）などの書籍が生まれ、没後には『関数論初歩』（一九八六年）というユニークなテキストも生まれる（以上、日本評論社）。

数学論よ、おこれ

日本には昔から「数学は社会とは縁のない学問で、数学者は霞を食べている仙人」であるかのような認識が流布していて、それが数学者の待遇改善を怠らせ、研究者が海外流出する原因ともなっていた。遠山はそうした誤りを改めるためにも『数学セミナー』を舞台に数学論が広く、かつ公然と交わされるのを期待していた。数学者の待遇改善のためばかりではなく、それ以上に数学という学問の本質を問う活発な議論を呼びかける。

（数学という学問への認識を変えていくには）数学者の共通の要求を国民大衆に向かって呼びかけ、世論を動かしていく、という正攻法しかそこにはない。時間はかかるが、それがもっとも確実な方法である。（中略）たとえば、つぎのような問題について、われわれは十分な内部討議をしたことがあるだろうか。

❶—数学は諸科学のなかで、どのような位置を占め、どのような役割を演ずることができるか。

❷—さらに広くみると、文化全体のなかで、数学はどんな部分を受け持つか。

❸—将来、高度の工業国となるだろうし、また、そうならねばならない日本の未来に対して、数学はどのような貢献をすべきか。

❹—すでに高度の発達をとげた数学はどのような構造をもっているか。そして、それはどのような方向に発展するだろうか。

このような問題と正面からとりくんだ討議が行なわれたことがあるかないか、私は知らない。このような問題をひっくるめて、それを〝数学論〟と名づけることにしよう。問題はそのような数学論がほとんどなされていないということにある。数学者自身が数学論を持ち合わせていないとしたら、外部に向かって説得力のある要求をかかげることは困難であろう。

かつての社会のなかでは、数学者は空集合ではなかったかもしれないが、測度0の集合とみなされていたし、数学者自身がそう考えていたともいえる。しかし、今日では事情が一変した。(中略)今日では大きな一つの社会的集団である。そのような集団がみずからの共通の職業観や、共通の要求をもたないとしたら、怠慢のそしりをまぬかれまい。

そのような職業観と要求を形造っていくための前提として、数学論がおおいにおこる必要がある。それはわが国を〝数学者流出国〟ではなく、〝数学輸出国〟にするためにも望ましいことではあるまいか。——「数学論よ、おこれ」1967

この時期、日本では数学がもてはやされていたが、多くの数学者はそれまでの遺産に頼り、数学に対する洞察を深めることなく過ごしていて、遠山のような見識を示した数学者はほかにいなかったと、先述の山口昌哉はいう。この呼びかけに続けて、遠山は「数学論」として論じなければならない項目をあげて体系的な見取り図を提案する。項目ごとに簡単な解説もしているが、ここでは項目だけをあげておく。

---

❶―数学という学問はなぜ生まれたか（人間のどのような特性が数学を創り出したか／どのような社会が、どのような数学を創り出したか／数学は社会にどのような反作用を及ぼしてきたか）

❷―数学の発展過程（数学史には一般歴史に照応する時代区分が存在するか／存在するとしたら、どのようなものか／各時代にわたって一貫した不変の特徴が存在するか／現代において数学とは何か）

❸―現代文化と数学（諸科学と数学／芸術と数学）

❹―現代社会と数学（現代の生産様式と数学／いわゆる情報化社会と数学／社会機構と数学）

❺―数学の発展方向（内部からの要因／外部からの要因／数学の社会への影響力）

❻―数学教育（未来社会の必要とする数学的能力／一貫カリキュラム／教授方法）

❼―数学を職業とするものの社会的責任（数学を創造するものの責任／数学を応用するものの責任）――同前

現代では理系における数理生物学や統計学、文系における数理言語学や数理経済学など本格的に数学を使う新しい領域が増えた。くわえて、とくにコンピュータの飛躍的な発達により産業社会や社会生活、家庭生活も、つまり現代社会そのものが急速に数学的な社会になった。

2 数学にはどんな特質があるか

遠山は数学論の重要性を唱え、みずからもその数学観を原稿の随所で披瀝（ひれき）しているが、それを中核テーマとする体系的な単行本は著わしていない。そこで、数学という学問の特質を遠山がどのようにとらえていたか、他章で紹介した引用との重複を避けながら、やや羅列的になるが、主要な観点を拾い上げてみよう。

ちなみに遠山は「数学という学問の本質は単純で素直である。原理がすこぶる簡単で、その簡単な原理をつかんで系統的に適応させていけばよいのだから、本をたくさん読む必要はないし、ものしりである必要もない。しかも、証明さえできれば、その真理の前ですべての人は平等なので、すこぶる公平である」と、くり返し書いている。

数学は構造（型）の科学である

近ごろ、〝構造〟という言葉が流行している。英語のstructureがそれに当たるが、もちろん、〝構造主義〟の〝構造〟ともけっして無関係ではない。近ごろ、あるドイツ人は数学を〝構造の科学〟（Struktur Wissenschaft）と規定した。（中略）たとえば、〝三すくみ〟というものがある。〝紙・石・鋏〟〝蛇・蛙・なめくじ〟などがそれに当たる。しかし、〝三すくみ〟というとき、問題となっているのは、〝何か〟ではなく、〝いかに関係するか〟、その関係のタイプである。三つのものの間に成り立っている相互関係の一つの型が〝三すくみ〟なのである。そして、これは〝構造〟の一種なのである。（中略）数学の世界の根底にあるのは、おそらくそのようなものであり、〝構造の科学〟というのはそういう意味である。

〝構造〟を広い意味に解すれば、将棋や碁の定石も構造になるだろうし、歌曲なども音からできた構造だともいえよう。替え歌をつくるということは、曲の構造を変えないで、歌詞だけを変えることに他ならない。将棋や碁の達人はたくさんの定石を知っていて、それを現実の局面に当てはめるから強くなるように、数学者は多数の構造のストックを頭のなかに貯えているから、むずかしい問題をたやすく解くことができるのである。

――「数と言葉」1968

右の文章が書かれたのは一九六八（昭和四十三）年である。それより以前の一九六〇（昭和三十五）年には「型の科学」ということばを使いながら、つぎのように論を展開している。

「数学者は、画家や詩人と同じように、型（pattern）の造り手である。もし彼の造った型が画家や詩人の造ったものよりも恒久的であるとしたら、この型が観念で造られているからである」

これは今世紀におけるイギリスのもっともすぐれた数学者G・H・ハーディのことばである。数学を型の科学として規定したこのハーディのことばは、おそらく、数学の科学としての特質をもっともあざやかにいい当てたものであろう。——「数学教育の基礎」1960

そして、「2＋3＝5という等式は、二個と三個のミカンにも、二枚と三枚の紙にも、二人と三人の人間にも共通な事実の型をいいあらわし、三角形は、原子ほどの小さなものにも、何万光年という距離をもつ三つの星を頂点とする三角形にも共通な一つの型を代表する」と例をあげ、数学の特質を説明していく。

その型は、たとえば数にしても、人間の精神のなかに生まれながらにして備えもっているものではなく、原始時代に始まる長い歴史のなかで獲得してきた、客観的世界の反映として人間の活動のなかから生まれたものなのだと、遠山はいう。

数学は社会や自然の反映である

「数学はいくつかの公理から導き出される演繹的で自律的な知識体系であって、帰納をもとにする他の自然科学とは決定的にことなった学問である」――このような数学観に、遠山は異を唱える。ここからは相反する二つの数学教育観が生まれてくるという。一つは「数学無用論」であり、もう一つは「数学至上主義」である。

もし、数学が天下りに与えられたいくつかの公理系から演繹的に導き出された知識体系だったら、そのような学問は生きた社会とは縁のない、ひま人のおもちゃにすぎないだろう。もしそうだったら、数学無用論は正しいといえる。戦後、日本の数学教育を支配した生活単元主義は、おおむね、このような数学観のうえに立っていたようである。（中略）これに対して、数学が自律的な知識体系だという前提から、また別の結論がひき出される。（中略）「数学は自律的であって、他の学問の前提を必要としない。だから、それを学ぶことは、思考を練り、論理的にとりあつかう力を養うために必要である」と。これは〝数学のための数学〟主義とでもいうべきもので、〝芸術のための芸術〟をとなえる〝芸術至上主義〟とよく似たものである。――「学問としての数学」1956

一見、正反対にみえる二つの態度だが、根底にある数学観は同じである。

私は、数学が若干の公理系から導き出される自律的な体系だという見方に反対する。そのような見方に対して、数学は自然や社会を反映する客観的な知識であると主張したい。したがって、それは自律的でもなければ、帰納のない演繹を事とするものでもないといいたいのである。（中略）

数学は自然を反映するとはいっても、もちろん、その反映のしかたは複雑である。（中略）たしかに他の自然科学が自然を直接にうつし出すのに反して、数学はより間接的にうつし出すことが多い。しかし、数学のほんとうの源が自然にあることは疑いの余地がない。どのように整然とした公理系がうち立てられたにしても、その公理系は自然を深く反映するようにえらばれているのである。

この意味で数学は決して形式だけの学問ではなく、形式と内容を兼ね備えた学問なのである。したがって、数学は自然科学から鉄のカーテンをもってへだてられるべきものではない。──同前

仕立て屋がオーダーメイドの服を作るときは、客の注文に対して明らかに受動的だが、レ

ディメイドのときはどうか。一見、自律的に見えるが、しかし、仁王様や一寸法師のような服は作るまい。「普通の人に似合う」という規制が働いている。数学も同じだと、遠山はいう。そして、形式と内容の関係をつぎのように説明する。

(数学の型や形式は)きわめて強靭な思考のワクでもあるのである。したがって、数学の形式性を否定することは数学そのものの否定を意味するほど、形式性は数学の本質的な部分をなしているのである。客観的世界からいちおうの独立性を獲得した形式は、あるときは能動的に客観的世界に働きかけ、あるときは受動的にそれに服従する。形式の能動的な側面を極端におし進めると、それは空疎な形式主義に転化するのであろうし、受動的な側面を徹底させると、形式の否定に導く。数学の生命は、この両側面の動的な均衡の上に立っている。――「数学教育の基礎」

内容と形式はどちらが先行するか。ケプラーやガリレオの時代には力学(内容)が先行し、それが要求する微分積分(形式)はニュートンやライプニッツによってあとから創られ、逆にガウスやリーマンによる研究は、あとでアインシュタインの相対性理論に応用された。

視野を広げ、恐怖心をとりのぞく

形式と内容との関係をはじめて意識的にとりあげたのは、おそらくヒルベルトであったろう、と遠山はいう。「彼は形式を内容から切りはなし、それに完全な独立性を与えた。そして、形式をつくり出す構想のはばたきを一切の拘束から解放しようと試みた。その結果、数学の武器庫に貯えられたパターンは豊富になってきた」と。そのうえで、つぎのように位置づける。

> 形式主義に陥ることを恐れて形式を排撃することは、数学そのものの否定に到達するであろうし、反対に客観的世界へのつながりを失って、与えられた自由をほしいままに乱用するなら、ワイルのいうように、数学は将棋のような知的遊戯にほかならなくなるだろう。
>
> ——同前

ヒルベルトの『幾何学の基礎』はユークリッド幾何学のほかに無数の幾何学が存在しうることを示した。では、それらの幾何学のなかで、なぜユークリッド幾何学がもっとも早くから、しかも微に入り細にわたって研究されたのであろうか。それは、ユークリッド幾何学の空間が、実在の空間にもっとも近いからである。公理主義の浅薄な把握は、ある時期にはつまらない数学的構造を数学のなかに引き入れるという傾向を生み出したことも事実である。

ブルバキは数学的構造を建物にたとえたが、そうなれば、公理系は設計図にあたるだろう。建築技師は力学の法則に従っているかぎりは、どのような設計図を画くこともできるし、その建物を建てることもできるだろう。その点で彼は自由である。同様に数学者が論理の法則に従うかぎり、どのような公理系を設定しようと自由なのである。しかし、彼らの設計した建物がよいか悪いか、それを判断することは次元の異なる問題であり、力学の法則とは別の規準による。その建物が人間や社会とどうかかわりあうか、その事柄が論じられるべきものである。建物を使うのはまさに人間であり、社会だからである。

同じことが数学についてもいえる。数学は人間のためにあるのであって、その逆ではない。一つの数学的構造は、人間が自然や社会の法則を探究し、それによって自然や社会を人間のために造りかえていくうえで役に立てば立つほどよい数学的構造だということになるだろう。そうかといって近視眼的な実用主義をここで主張しているのではない。数学にかぎらず、科学はたんに応用によって物質的な幸福を人間にもたらすために偉大なのではない。そのようなものはなくても、人間の視野を拡大し、不必要な恐怖心をとり除いてくれるという点でもまた偉大なのである。　――「数学教育の位置づけ」1970（要約）

遠山は「なぜ科学を学ぶのか」を問われると、「人間は、たとえ台風の進路を変えることはできなくても、台風の存在を科学的に知れば、そこから生まれる得体のしれない恐怖心をとりのぞくことができる。それは大きい」と答えていた。数学もしかりである。「学ぶこと」「知ること」の意味である。

数学は時代に規定される

無限に多くの現実からある一つのパターンをつくりだすためには、どうしても抽象の力が前提となる。数学の出発点である点や線ですら、高度な抽象によって創りだされたものである。直線そのものが、光線や糸など無数の具体物を背後に従えている。こうした数学の抽象性を否定すれば、空間の科学としての幾何学などは成立しなくなる。だが、そうした数学の抽象性ゆえに、数学は社会とは無関係だと主張する数学者が多い。しかし、遠山の見解は逆である。数学のどの部分が発展するかは、その時代の支配的な考え方に影響されていると説く。

ピタゴラスやデモクリトスにみられる原子論は分析―総合の考え方と、質的差異を量的差異に還元しようとする傾向をもつが、そのような思考法は自営農民と商人によって支えられていた古代ギリシアの社会から生まれたものである。とくに（価値の原子としての）鋳貨の使用が刺激を与えたという。

十七世紀に微分積分学がつくり出されたのは、数学のなかだけの内的必然性によるものではなく、当時の天文学や物理学・力学の必要に応ずるものであった。そして、その天文学・物理学・力学の発展は当時のヨーロッパ社会の要求によって生みだされたのである。一方、微積分の入り口までいったアルキメデスの業績は、同時代人には理解されず、アラビアなどに伝えられて継承者を見出した。このことは、社会が必要としない数学はたとえ創りだされても忘れ去れてしまうことを物語っている。
――「数学と社会」1969(要約)

遠山は「抽象的であればあるほど、数学は一定の方向性をもつ。つまり、抽象という人間の精神活動そのものが強い方向性をもっており、それは社会の支配的な思考方法に深く影響される」として数学と社会との緊密な関係を指摘し、「数学といえども、時代の支配的イデオロギーによって規定されるものであり、それらのものとは無関係な蒸留水のような存在ではないのである。古代のピタゴラスやデモクリトス、近代のコーシーやガウスにしてもしかり」(同前)と主張する。

ここでいう支配的イデオロギーとはむろん、数学者の出身階級のイデオロギーや利害関係にもとづくような党派性ではなく、時代のなかで無意識的に支配されざるをえない思考方法をさしている。

数学は特殊な言語である

「数学は演算の学と思われているが、本質はそうではなく、物理などがとらえる現象を表現

（記述）する言語である」と、遠山はことあるごとに語っている。大学でいえば、理学部よりむしろ文学部に近く、それで数学者には文筆家も多いのだと笑っていた。一九六八（昭和四十三）年の随筆にはつぎのように書いている。

数学と言語との距離はひどく近い、というより、むしろ、数学は特殊な言語である、といったほうが適切であろう。

たとえば、関数は近代数学の中心概念であるが、これは言語によっていい表わされた命題と深いかかわりがある。$y=f(x)$は、xという〝もの〟をfという〝はたらき〟もしくは〝機能〟（function）によってyをつくり出す、という意味をもっているが、記号論理学では、主語xが述語fと結びついて命題$y=f(x)$をつくり出す、という解釈が与えられるのである。そうなると、数と命題が同じ式で表現されることになってくる。——「数と言葉」

コンピュータの開発がまさに進んでいた時期である。遠山はそれを例にとり、「最近、パターン認識ということが問題になってきたが、最新の電子計算機よりも幼児のほうがずば抜けている。このパターン認識は、幼児が言葉を獲得していくさいの〝霊妙〟とでも形容するほかにない能力と深くつながっているらしい」と書く。

パターン認識の原理は同一性ではなく相似性である。同じではないが、似ているということを判断することである。この能力は言語の能力に基づいていると同時に、この相似性を見わける能力がなければ、言語をうまく使用することはできないだろう。（中略）もし似たものに同じ名をつけることがなかったら、物体の数だけの名詞が必要となって、わずらわしさに耐えられなくなるだろう。言語の世界の原理が相似性にある、というのはそのためである。ところが、数学の世界も、やはり、相似性の原理の上に立っているといえるのである。（中略）

もともと人間の精神活動はそれほど別々のものではない。同一性ではなく相似性に重点をおくと、数学は芸術などとそれほどかけ離れたものではなくなってくる。詩人の使う象徴や比喩も、結局は相似性の原理にもとづいているし、小説家の性格創造もパターンの創造にかかわっている。そしてまた、享受する側の相似性の認識能力を予想している。

もちろん、数学は芸術とはちがう。双方とも相似性にもとづくとはいっても、その性格はちがっている。数学の相似性は論理的であり、感性にはほとんど依存していない。とはいっても、芸術の相似性が感性のみに依存しているわけでもなく、意外に論理的であるとすると、両者の距離は思ったほど遠いものでもなくなってくる。――同前

この当時から五十年近くたったいま、各分野でのロボット利用や人工知能の進化がめざまし

いが、究極のところ、それらは人間に代わりうるのであろうか。

数学は普遍性・歴史性・連帯性をもつ

遠山が「数学は文化である」ことを力説するとき、筆致は静かさを装いつつも、内実はつねに激しい。

数学の命題は世界中のいかなる人間にとっても何らの差別なく理解できる。(中略)そのことは人間の知性が民族や習慣のちがいを超える共通性をもっていることの何よりの証拠でもある。それは偏狭な民族主義や人種的偏見に対するもっとも力強い反証である。

普遍性のもう一つの側面は数学という学問が全人類の協力によって創り出されたという事実である。近代に入ってからは確かにヨーロッパ人の貢献がきわめて大きいが、古代・中世においてはアジア人の功績に帰せられるものがきわめて大きいのである。とくに、江戸時代の日本人の業績(和算)は第一級のものであった。そういう意味では数学は全人類的な科学といってよい。(中略)偏狭な人種差別ともっとも無縁な科学が数学なのである。

それに劣らず重要なのは数学の歴史性である。いうまでもなく、数学は天文学とともにもっとも古い科学であり、(中略)他のあらゆる科学と同じく、天の一角から天下ってきたものではなく、人間と人間の集まりである社会によって歴史的に形成されたものである。

この歴史性は、はじめにあげた普遍性と矛盾するかのように考える人もあるだろう。2+3はいついかなる時代にも、また、どのような人にとっても答えは5になる。つまり、時間と空間を超越した真理だから、歴史性などあり得ない、という主張もあり得る。だが、この考えは一面的である。（中略）答えは同じ5でも、途中の思考は異なることがあるし、また、たし算の考えかたそのものにもいろいろの解釈があり得る。答えが同じであるということは決して超時間的・超空間的であることを意味しないのである。

数学が人間と社会とによる知的活動の歴史的産物であるとすれば、当然、数学は孤立したものではなく、文化全体の有機的構成部分であって、文化の他の分野との緊密な連帯性をもつ。この連帯性は今日とくに強調しておく必要がある。なぜなら、数学は常に孤立する危険をそれ自身のなかに内包しているからである。――「数学教育の位置づけ」

3　数学における方法とはなにか

数学の定義についてはいろいろな見解がある。おおまかにいえば、量（数）・構造・空間・変化について研究する学問で、大別すると、代数学・幾何学・解析学といえるが、現代数学の影響もあり、いまや複雑多岐で簡単には分類できない。したがって、研究対象に迫る方法も分野によってさまざまである。

遠山は数学の主要な方法に着目し、自然科学・社会科学と関連させながら、その有効性をくり返し強調した。つぎに、おもに「数学の方法」(1959) から紹介する(一部、「数学と自然科学」〈1956〉をふくむ。いずれも要約)。

分析―総合の方法

＊原子論的な思考の汎用

数学にかぎらず自然科学一般に共通な研究の方法として、分析と総合の方法がある。それはいろいろの科学のなかでどのように使われているだろうか。

まず第一に物理学における原子論である。物体をしだいに細かく分けていくと、これ以上わけられないもの(原子)につきあたるという考え方は、古代ギリシアの昔から存在していた。デモクリトスなどから始まり、科学の歴史を貫いている原子論的な考え方が、十分に豊富な実験的な事実と結びついて生まれたのが現代の物質構造論であるといってよい。化学でも、分析―総合は有力な手段である。複雑な物質を細分していって、これ以上は分析のできない元素が得られ、そのような元素をふたたび化合させて複雑な化合物がつくられる。生物学は生物をもっとも単純な細胞にまで分解し、その細胞を再結合して生物を研究する。経済学においてもしかりである。複雑な資本主義社会を分析してもっとも単純な商品という考えを見出し、その商品の基本的な動きかたを研究して、それを積み重ねることによって社会全体の運動法則を知ろうとする。

このように、分析と総合はあらゆる科学に共通する研究法だが、この方法が歴史的にもっとも早く確立されたのは、二千年前に書かれたユークリッドの『原論』であるといえよう。その方法は数学全体を貫いている。整数を素数の積に分けるのも、多角形をいくつもの三角形に分けて面積を計算するのもその例といえる。数学で分析的な方法がもっともあざやかに、しかも、意識的に用いられるのは微分学である。微分という方法そのものが分析なのである。そして、いちど分析されたものが総合されて全体的構造を知る手続きが積分、もしくは〝微分方程式を解く〟手続きである。これは明らかに部分から全体へ向かう方法である。

＊ユークリッドの『原論』と素図形・素法則・素操作

ユークリッドはすべての図形を三角形にまで分解し、さらにそれを頂点・辺・角などの最初の原子に分解する。そして、それらの図形の原子を再構成して複雑な図形を組み立てていく。そのような「分解―再構成」の方法がみごとに展開されるのが『原論』である。

そこで原子にまで分解されるのは図形だけではなく、図形に関するもろもろの法則そのものもまた、これ以上は無理なほど、より単純な法則にまで分解される。たとえば、〝二点を通る直線は一つあって、一つしかない〟もその一つである。それを公理という。図形をつくる方法も同様で、二点を通る直線を引くこと（定木）と、任意の半径をもつ円をえがくこと（コンパス）というもっとも単純な操作にまで分解される。この二つの操作を組み合わせて図形をつくるのが作図問題である。

このように、すべての図形や法則や操作は、原子的で要素的な素図形・素法則・素操作に分けられる。その意味でユークリッドの方法は分析的であり、学問全体における分析的方法の典型となった。スピノザの『エチカ』はこの方法を哲学に適用しようとしたものである。

＊集合と構造

ユークリッドに始まった分析的な方法をさらに徹底したのがカントルの〝集合論〟であった。集合論は考えられるすべてのものを原子にまで粉砕したが、粉砕された個々の原子はおたがいに何の関係もなく孤立した破片にすぎない。

集合論が打ちくだいた破片（すなわち原子）の再結合、もしくは総合がつぎの問題となったとき、この仕事に手をつけたのがヒルベルトの公理主義であった。原子どうしを結びつける一群の法則を〝公理系〟と呼ぶが、この公理系によって構造の型が決まるのである。

構造の型は無数にあるのだから、それにつれて公理系も無数にありうる。無数にありうる構造の型を研究しようとするのが、二十世紀における位相数学と代数学の新しい任務となった。それは同じ型の構造をひとまとめに研究するので、同じ型をもつ異なる体系を一時に考えることができる。

集合論が打ちくだいた原子を公理主義が総合するさい、もとどおりにつなぎあわせるのであったら、何ひとつ新しいものは生まれない。しかし、もととは異なる結合法をもってくることは可能である。たとえば、化学者は自然界に存在する物質をいちど分解し、それを再結合するにあたって、かならずしも自然界に存在しない新しい結びつき方にすることがある。つまり、構造をかえることはできる。有機合成がそうである。

現代の数学がとりあつかう代数学的な構造（群・環・体・束など）も自然界のなかに素朴に存在するものばかりではない。束の一種であるブール代数などは外的な世界より論理のなかに存在するといったほうがより真実に近いだろう。それは自然界にあらわに存在する構造のほかに、心理や論理の構造をも代表しうるだけの一般性をもっている。それはカテゴリーやシェーマなどというもので、ピアジェは現代数学の基本的なカテゴリーを児童心理学に応用したのである。

等質化の方法

原子論的方法と分かちがたく結びついているのは等質化の方法である。自然を細分する原子論的方法が有効なのは、細分を進めていけばいくほど、細分された一つ一つの断片は接近した性質をもつようになる、という一つの仮定が背後に横たわっているからである。だから、極限にまで細分された原子は完全に等質ではないにしても、かなり等質に近いものと仮定される。

チャイルドがのべているように、財産を鋳貨にかえて細分するということは、等質の鋳貨に分割することにほかならない。分割もしくは分析の操作は必然的に等質化を予想しているといってよい。たとえば幼児に赤いバラの花三つと白いバラの花二つをみせて、いくつあるかを問うと、「バラの花が五つ」とは答えられない。つまり、色を捨象し、共通する属性にもとづいてバラの花一般を考えるには、量の前提として等質化がなければならない。

＊量質転化と弁証法――エンゲルスとスターリン

ここでわれわれは〝量質の転化〟という科学方法論上の重要なカテゴリーに出会うことになる。量質の転化を重要視しているのは、いうまでもなく弁証法である。エンゲルスは弁証法の主法則として、〝量と質との転化〟〝対立物の相互浸透〟〝否定の否定〟という三つの法則をあげている。

〝量と質との転化〟というとき、エンゲルスでは〈量→質〉〈質→量〉の双方の転化を意味しているが、同じ比重で論じていたかというと、そうではない。〈量→質〉の転化については数々の実例をあげて説明しているのに、〈質→量〉の転化については一つの実例をもあげてはいない。つまり、彼は〈質→量〉の転化を名目上だけ認め、事実上は無視したといってもよいだろう。

そのもう一つの根拠は、エネルギー保存則に対する彼の態度である。エネルギー保存則は十九世紀における自然科学のもっとも偉大な達成の一つであり、そのことをエンゲルスも認めている。しかし、彼はこの法則を量質転化と結びつけていないのである。力学・熱・電磁気などの質的にまるで異なった現象をエネルギーという量的な区別に帰着させてしまうという、このような鮮やかな例にすら〈質→量〉の転化を認めなかったとすると、エンゲルスはそれを事実上は無視しようとしたと判断してもまちがいではあるまい。

この傾向は、スターリンになるとさらに徹底する。彼は〈質→量〉の転化をもはや名目的にも認めないのである。『弁証法的唯物論と史的唯物論』のなかでも〈量→質〉の転化については語られているが、その逆である〈質→量〉については一言もふれられていない。

しかし、〈質→量〉の転化を否定したら、数学ばかりでなく、自然科学の大部分は消えてなくなるだろう。そこでは等質化して量化するという方法が大規模に使われており、それなくしては自然科学や技術のほとんどすべてが進行をやめるほかはない。

*量化の有効性と限界

等質化や量化の方法は社会科学や精神科学のなかでもしだいに広く利用されはじめている。量化の方法は自然科学にだけ有効であって、他の部門では無力であるという古い偏見は、もはや捨てるべきときにきている。それだけに量化の方法の有効性の限界をはっきりとつきとめておく必要があろう。もちろん、量化が可能になるためにはいくつかの条件があり、無条件に通用するものではない。それは自然科学についても同じであって、量的な研究がつねに有効であるわけではなく、やはり、一定の条件の下に効力を発揮しうるのである。量的方法に対する全面的拒否も、また無条件的な信頼も、ともに誤りである。科学における量的方法を正しく位置づけることを妨げているのは、むしろ、エンゲルスからスターリンに至る〈質→量〉の転化の無視もしくは否定であると私は思う。量的方法を正しく位置づけるには、〈量→質〉と〈質→量〉の双方の方向の転化を認め、そのうえで、二つの方向の転化がたがいにどのように関係し、影響しあうかをくわしく検討してみる必要があろう。

遠山には「数学と弁証法」（1959）という哲学的な論文がある。当時の若手数学者のグループSSS（新数学人集団）がおおいに影響を受けたと聞くが、この前後の日記にはヘーゲルやゲーテなどを念頭に自然弁証法をめぐる思索が随所にでてくる。とくにアリストテレス、エンゲルス、スターリンをめぐる「量質転化論」は二、三年にわたってくり返し登場する。

操作的な方法

*分析的と操作的

ヒルベルトの公理主義は自身のなかで完結し、閉じた体系の構造を問題にするために、その方法は解剖学的になり、動的な側面を逸しがちである。これに対して操作的方法ともいうべき別の方法が対立する。

分析的で解剖学的な方法を徹底していったのが集合論であり、それを総合しようとしたのが公理主義であるとすると、操作的な方法をはじめてつくり出したのが群論である。もっとも群そのものは構造と操作との二重性をもっている。なぜなら、群は操作を要素とする一つの構造だからである。しかし、ここでは操作としての側面に重点をおいてのべよう。

ここに一つのスイカがあるとして、中の熟成を調べるのに、割ってみるのは解剖学的・分析的な方法である。一方、皮の外からたたいて反響をみて判断する打診法は、外から操作を加えてかくれた性質を検出するので操作的な方法といえる。

＊〝操作〟の研究

この操作的な方法を最初に数学のなかにもちこんで、その有効性を示したのは二十歳で死んだガロアであった。それまでの数学が研究の対象としたのは、数にせよ、文字にせよ、図形にせよ、おしなべて、それは〝もの〟の概念であった。それがどのように抽象的であるにしても、実体概念であることに変わりはなかった。しかし、ガロアが問題にしたのは〝はたらき〟、つまり操作であり、機能概念であった。ガロアは操作そのものを数学の中心課題としたのである。

彼はいくつかの操作の集まりがつくる体系を群とよび、この群の理論を利用して代数方程式論をつくりあげた。この群は数を入れかえる操作の体系であったが、その群の構造の型が方程式を解くうえで決定的な役割を演ずることを発見したのである。ここで重要なのは、数という実体から数を動かす操作に力点がうつっていったことである。

ガロアの群論は幾何学にも応用されて、幾何学の系譜をつくり上げることに成功した。ここでも図形そのものより図形を動かし、変形する操作のほうに重点がうつっていったのである。解析学でも同じような視点の変化が起こってきた。解析学の中心的な研究対象であった関数（函数）そのものより、一つの関数を他の関数に変える操作（オペレーター）が数学者の注意をひきはじめた。それはほぼ二十世紀初頭のことであり、その方面の理論を関数解析学とよんでいるが、それはあとになって量子力学に理論的な武器を提供することになった。物理学者は観測できる物理的量を、あるオペレーターに対応させたのである。

＊数と操作の相互促進

実体概念である数と機能概念である操作の対立やからみあいは、もちろん現代数学になって始まったものではない。もっとも素朴な初等数学にもそれを見出すことができる。個数を数えることから1、2、3、……という自然数がまず生まれてくる。そこでは〝＋〟（プラス）という演算――広い意味の操作がおこなわれうる。つまり、任意の二つの自然数を加えても、和は、やはり自然数である。自然数全体の体系は1、2、3、……という数と、〝＋〟という操作からできているといえる。〝＋〟という操作に関するかぎり、それはみずからのなかで平衡し、閉じた体系なのである。

ところが、逆操作である〝－〟（マイナス）が入ってくると、その平衡は破れ、閉じた体系でなくなり、－1、－2、－3などのマイナスの数がどうしても必要になってくる。ここでは〝－〟という操作が数の世界を拡大していくためのテコとなったのである。同じことが割り算についてもいえる。〝÷〟という新しい演算が分数を要求し、それをつくり出していく。このようにして、数と操作の対立のなかから新しい数と新しい操作がつくりだされていくのである。つまり、この二つは相互促進的、もしくは相互に増殖的である。閉じた数の体系もしくは領域に対して、演算はその完結性を打ち破るように働く。静的な構造が外から働く操作によって動的となり、より大きな構造へと発達していく。このように数の領域――ガロアは体とよんだ――と演算とのあいだの動的な均衡をみごとに定式化したのがガロアの方程式論であった。この操作という考えをピアジェは児童の心理発達の研究に適用している。

＊可逆性と結合性

ある群に属する任意の操作には、かならず逆操作をもつという「可逆性」と、連結できるという「結合性」の二つの性質がある。この結合性を裏からみると、一つの操作を二つ以上に分割できるということにほかならない。二つの操作を連結すると、新しい操作が生まれる。たとえば、ケーラーのチンパンジーが竿をつないでバナナをとったりするのは操作の連結であるし、A点からB点にいく場合、あいだに障害物があればC点を迂回するというのは操作の分割といえよう。

この考え方を徹底させていくと、複雑な物質を分解して原子に到達するのと同じく、複雑な操作を分解してもっとも単純な操作（素操作・素過程）にいきつく。

このとき、aとbという二つの操作の連結であれば、記号的にはかけ算でabと書かれるが、このかけ算は数の場合とちがって、順序の交換が一般にはできない。つまり、abとbaは同じ操作ではないのである。たとえば、〝上着を着る〟という操作と〝チョッキを着る〟という操作は順序交換ができない。順序を変えればちがった結果になるだろう。量子力学の不確定性原理は、この操作の非可換性と関係がある。

＊操作と現代の科学

このように、群は操作の集まりであるばかりでなく、可逆性と結合性をそなえた有機的で構造的な体系である。複雑な操作を単純な要素的な操作に分解することは、デカルト以来、もっとも基本的な科学の手段となった。この考えは計算機の構成等に応用されている。

このような操作的な方法が、対象を動的につかむうえできわめて有効なものであることはもちろんであり、その限りにおいて弁証法的であるが、この方法がはたして観念論的であるか唯物論的であるかということになると、問題はそう簡単ではなくなる。

物質を実体概念の側面だけからとらえようとする狭い意味の唯物論からは、操作という概念ははみ出してしまうだろう。だから、そのような立場にたつ人にとって、操作的な方法は観念論以外のなにものでもあるまい。しかし、物質を運動し、変化し、相互に関連し、力を及ぼしあうものとみる立場にたつなら、実体概念と機能概念の双方を包みこむことが必要となろう。そうなると、操作は物質の運動や変化や働き合いの側面を数学的に抽象したものにすぎなくなる。

現代数学のこのような側面は、人間の認識の機構や発達を解明するのに有効な方法を提供するといってもけっしていい過ぎではないと思う。

山口昌哉によると、遠山の「原子論的方法」と「構造」についての省察は出色であるという。ただ原子論は当時、素粒子論や分子生物学の研究に有効であったが、その後、そうしたアトミズム数学では解決できない状況も生まれているという。

4　数学はどのように発展してきたか

遠山の数学史に対する関心は古い。一九四九（昭和二十四）年の日記に「数学史の詳細な知識は文筆活動に不可欠である。まずモーリッツ、ベネディクト、カントルを読了することが至上命令である」とあり、同年の他所では近藤洋逸（こんどうよういつ）の『数学思想史序説』や三田博雄（みたひろお）の数学史を読み、評価している記述もある。研究上の必要はもちろんで、その後、一九六〇年代、七〇年代には通史だけでなく、著名な数学者の歴史上の役割や数学的な概念の成立過程を主題に、それを数学史的に考察する原稿をいくつも書く。

遠山は、「数学史の時代区分というのは数学の発展の大まかな特徴をつかむためのものであって、時代と時代とのあいだに鋭い境界線があるわけではない」と断わりながら、数学の発生以来の歴史を四つの時代に分け、その分岐点となるメルクマールとして三つの著作をあげる。

古代
　|←ユークリッドの『原論』
中世
　|←デカルトの『幾何学』
近代
　|←ヒルベルトの『幾何学基礎論』
現代

四つの時代を区分する著作がすべて幾何学に関するものであることは、一見、たんなる偶然であるように見えるかもしれない。しかし、それはたんなる偶然ではない。なぜなら、幾何学はもともとわれわれの外部に存在すると考えられている図形や空間に関する科学であり、したがって、数学は客観的世界とどのような関係をもっているか、という問題を不問にして通りすぎることのできない分野だからである。これに対して、他の分野はいちおうそのような問題に触れないでもすむし、したがって、数学とは何か、という問題を避けて通ることができるという事情がある。

――「数学の歴史的発展」1967

そこで、この三つの幾何学の特徴をくわしく分析することによって四つの時代の本質をつかむことができると、遠山は考えた。つぎに、そうした〝遠山数学史〟を、遠山自身の原稿で紹介していく。「数学の歴史的発展」（1967）を中心に、一部「数学の発展」（1970）を織りこんで概略する（要約をふくむ）。

古代の数学——経験的・帰納的

これは数学の発生からユークリッドの『原論』までの時代である。

人類が狩猟と採集の時代から牧畜と農業の時代に入るに及んで、大河の流域に最初の農業国家が生まれた。ナイル河のエジプト、チグリス・ユーフラテス河のバビロニア、インダス河のインド、黄河の中国等がそれである。

この時代が生み出した数学は、いずれも農業国家の諸問題を解決する必要に応ずるものであった。耕地の面積、収穫物の体積、生産物の交換、天文学の観測結果等の計算がそれに当たる。エジプトの『アーメス文書』にしても、中国の『九章算術』にしても、そのような具体的問題の解決を主題としている。大まかにいって、この時代の数学は分数・小数の四則を中心とするものであった。程度からいうと、今日の初等算術に対応するものであったといえる。

ただ、この時代の数学書の特徴として、数学的法則が一般的定理の形でのべられていない。類似の問題を同じ個所に配列し、そこから読者に一般的な解法を会得させるという形式をとっている。したがって、この時代には、数学のなかには定理の形でのべることのできる一般的法則が存在する、ということが明確には意識されていなかったのではないかと思われる。つまり、この時代の数学は経験的・帰納的であったといえる。

定理の存在が明らかに意識されていなかったとすると、証明ということも考えられていなかったといえる。バビロニアの数学にはすでに証明というものがあったとすると、古代の数学にも、すでにそのワクを破る新しい芽が頭を出していたのかもしれないが、それはまだ部分的であって、ユークリッドの『原論』のように、一つの分野の全体をごく少数の公理系から築き上げるような意図はみられなかった。

中世の数学――演繹的

*ユークリッドの『原論』の登場

人間の思考の歴史のなかで、古代ギリシアの演じた役割はきわめて大きい。人間の思考のあらゆる型が古代ギリシアに出そろった、というヘーゲルの批評は当たっているといわざるをえない。数学史についても同じことがいえる。論理的な思考の方法を確立した古代のギリシア人は、数学という学問を論理的に体系化する仕事にはじめて手をつけ、それに成功した。

「二等辺三角形の底角は等しい」という定理をはじめて証明したのはターレスであるとい

う伝説の真偽はともかく、古代ギリシアにおいて、少数の自明な事実からより複雑な事実を論理的に導き出す証明という手続きが確立されていたことには疑問の余地はない。ターレスからピタゴラスを経て、プラトンやアリストテレスに至る数世紀のあいだに、ギリシアの論証的な方法を駆使し、集大成して学問の一大建築物をつくりあげたのが、いうまでもなくユークリッドの『原論』である。

この原著名『ストイケイヤ』はそもそもギリシア語のアルファベットを意味しているが、それは単語を構成する原子のようなもので、もっとも根源的なものを意味すると同時に、〝いろは〟や〝ABC〟のように初歩・入門などの意味をもっている。つまり、それは〝原論〟であると同時に〝入門〟でもある。

この『原論』には、まずはじめに〝定義〟といわれる二十三個の命題がでてくる。「点は部分をもたないものである」「線は幅のない長さである」「線の両端は点である」というようなものである。つぎに、五個の〝公準〟がでてくる。「任意の点から任意の点へ直線をひくことができる」「有限の線分をどこまでも直線としてのばすことができる」といったものである。そのつぎには、「同じものに等しいものはたがいに等しい」「等しいものに等しいものを加えたら、やはり等しい」というような五個の〝共通概念〟がくる。

つまり、基本的な要素を説明したものが〝定義〟であり、それらの相互関係を規定するものが〝公準〟であり、幾何学より広い数学全体に通ずる基本的原則を書き表わしたのが

〝共通概念〟である。いずれも自明で単純な事実である。

ユークリッドのあとでは、理論的な体系化を経ていないもの、ユークリッドという一つの手本にあわないものは、数学そのものとはみなされなくなった。経験的・帰納的であった古代数学を一変させて、それを理論的で演繹的なものとしたのである。

*『原論』の特徴

『原論』の第一の特徴は、ほとんど数字がないということである。線分ABや∠ABCは出てくるが、その線分が何センチ、何メートルであるか、また、その角が何度何分であるかは考えられていないのである。面積についても同様である。長さを何センチ、角を何度、面積を何平方センチと表わしたものを測度というが、その測度が『原論』にはないのである。そのために図形が計算の対象とはなっていなかったし、したがって、代数学とのつながりを有していなかった。

第二の特徴は、図形を三角形に分割し、三角形を図形研究の出発点とみなしたことである。つまり、『原論』は三角形の合同定理が基本となっている。

第三の特徴は、図形をえがく道具としては、直線をえがく定木と、円をえがくコンパスだけを許したことである。このことは直線と円だけを特別に神聖な線とみて、その他の曲線を賤しいものとみるギリシア人の伝統的な思考法に従ったものであった。

これらの特徴は数学の発展に深い影響を及ぼした。ようするに、それらをくるユークリッドの『原論』のもつ大きな特徴のひとつは、演繹的ということであった。

もうひとつの大きな特徴は、動的ではなく静的であるということである。『原論』におけ る三角形は運動したり、変化したりすることは初めから予想されていない。初めに与えら れた三角形は、永久に変化しないものと予定されているのである。

演繹的であり、静的である、というのが、ユークリッド以後の中世の数学の基本的特性を なしていたのである。

*アルキメデスは狂い咲き

ただし、その断定にはある留保が必要である。アルキメデスの場合である。ユークリッド にやや遅れて出現したこの空前の天才は、演繹的・静的というワクのなかに押しこめるこ とができないからである。

彼は、放物線の求積において微分積分学の一歩手前のところまでせまっていたし、彼の消 尽法は、コーシーの極限に肉迫していたともいえる。彼の天才は、動的な近代数学をすで に予見していたともいえる。だが、あまりにも時代を超越していたアルキメデスの業績は、 同時代人に理解されることなく、静的という中世数学の本質を変えることはできなかった。 だから、アルキメデスは中世における一つの狂い咲きともいうべき特異な現象であった。

*デカルトの『幾何学』の特徴

近代数学が本格的に樹立されたのは、デカルトの『幾何学』からである。あらゆる学問の研究方法を提示したデカルトの『方法序説』は「良識はあらゆる人に公平に与えられている」という言葉ではじまっているが、その付録として書かれた『幾何学』は、ユークリッドとは根本的に異なったものをもっている。それは、図形よりは図形のおかれている空間を問題としている。二次元空間としての平面は、それを縦と横との二方向に分解することによって、そのなかの点が二つの数の組、つまり座標によって表わされる。このようにして幾何学と数量の学である代数学、もしくは解析学とが結びつけられることになった。

デカルトは曲線を、動く点のえがく軌跡としてとらえた。静的であった中世数学のワクを打ち破って、運動や変化が積極的に数学のなかにとりこまれることになった。そして、当然のことながら、変量や変数が出現した。

ユークリッド『原論』の特徴としてあげた三つの点をすべて否定した立場から、デカルトの『幾何学』は出発したのである。測度を排除したユークリッドとは反対に、直線を数直線としてとらえた。そして、三角形ではなく、点を幾何学の原子とみなした。また、直線と円を特別あつかいにすることはしなかった。それは無数にある曲線のなかの特別なものにすぎなかった。

＊微分積分学と力学的な世界観

デカルトによってきり開かれた近代数学は、ガリレオやケプラーによって基礎づけられた動力学にもっとも適切な数学的な手段を提供するものであった。しかし、近代数学が動力学にとって十全な武器となるためには、さらにもう一歩の飛躍が必要であった。それが、ニュートンやライプニッツよって創りだされた微分積分学である。

近代そのものが動的な数学の登場を要求していたのである。その代表的なものは太陽系の運動法則であった。それはコペルニクスの地動説にはじまって、ガリレオの力学、ケプラーの遊星運動の三法則を経て、ニュートン（一六四二―一七二七）の万有引力に至って完成されたのである。それは人類の自然認識の歴史における偉大な一歩である。それはまた近代的世界観の誕生をも意味していた。

ライプニッツが導入した関数の概念、$y=f(x)$ ははじめ、自然における量的な因果法則の数学的抽象化であった。そのさい、xは原因であり、yは結果であった。この関数に分析―総合の方法を適用したのが微分積分学であった。それは、デカルトの『方法序説』の基本的原理である分析と総合の方法を徹底的に推しすすめたものであった。

微分積分学を中核とする近代数学は、自然科学における連続変化の法則を探究するのにもっとも適した道具を提供したといえる。その性格は、自然に対しては受動的であり、その法則を帰納的に総合するという意味で、動的・帰納的であるといえよう。

『遠山啓のコペルニクスからニュートンまで』という本がある。遠山が亡くなる一年前の一九七八（昭和五十三）年秋におこなった市民大学（明星自由大学）の連続講座の記録を、没後に同志が編集した遺著である（監修＝遠藤豊・榊忠男・森毅）。科学思想史の装いをもちながら、ルネッサンスから近代数学の成立（力学と微積分学）までを解きあかしたものだ。

すでに一九五二（昭和二十七）年八月二十三日の日記には「歴史を織り込んだ『微分積分入門』の骨組を考える必要がある」とあり、その後、構想をつくりなおしていく記述もでてくる。四半世紀もまえに構想され、温めつづけていたことになる。

現代の数学――集合と構造

＊転換点はヒルベルトの『幾何学基礎論』

このような近代数学に一つの転回を与えたのは、一八九九年に発表されたヒルベルトの『幾何学基礎論』であった。この本は、①結合の公理、②順序の公理、③合同の公理、④平行の公理、⑤連続の公理という五群の公理から成り立っていて、これらの公理群をすべて満足する体系としてユークリッド幾何学が得られる、という形をとっている。

だが、注意すべき点は、これらの定理を一まとめにして冒頭におくという形式をとらず、結合の公理から順々にいろいろの定理を導きだしながら、つぎつぎと公理を提示するという形式をとっていることである。このような叙述の形式は、この著作の性格を鮮やかに物語っている。すなわち、結合の公理が設定されただけの段階でも、すでに幾何学というべきものが出現しうることを、それは物語っているのである。

『幾何学基礎論』の目標は、ユークリッドの『原論』の公理系の不完全さを完璧にすることではなかった。ヒルベルトの時代にはすでに非ユークリッド幾何学が市民権を確保していた。彼の念頭にあったのは複数の幾何学であり、それらのあいだに平和的に共存できるような国際法を設定することであったといえよう。だから、ヒルベルトの達成した業績は、ふつう考えられているように、たんにユークリッド幾何学を理論的に整備することにあったのではなく、無数の幾何学をつくり出したことにあった。

ヒルベルトの『幾何学基礎論』によって新しくつくり出された幾何学のなかには、たとえば、アルキメデスの原理の成立しない非アルキメデスの幾何学や、有限個の点しかない有限幾何学などがある。このようなものは、ヒルベルト以前にはとうてい〝幾何学〟と名づけることさえできなかったようなものであったろう。

*構成的方法と構想力の解放

このような目標と内容をもったヒルベルトの基礎論が数学全体に与えた衝撃はきわめて大きかった。近代数学のおもな傾向は自然模写的であったが、『幾何学基礎論』はその傾向を決定的に否定することから出発した。ヒルベルトの目ざした方向は自然模写的ではなく、構成的（constructive）であった。それは人間の構想力を自由に発揮して、新しいものをつくり出すことを意味していた。したがって、そこでつくり出されたものが自然界に存在することは当面、必要ではない。そういう意味では芸術家の仕事に近いものといえよう。芸術家は豊富な構想力を駆使して新しい創造物を生みだすが、その創造物が単純な意味で客観的に存在するとはいえない。しかし、それがまったくの虚妄であるというのは誤りであろう。たとえば、すぐれた建築家によって設計された建物は、それが建築家の脳裏にあるあいだはまだひとつの空想であり、虚妄にすぎないが、やがて実現されうるものであるという意味では具体物である。また、すぐれた作家によってつくり出された人物典型、たとえばドン・キホーテのような典型は、そのままの形では現実には存在しないだろうが、似た人物は無数に存在するし、とくにその鮮やかな典型をひとたび知ったあとでは、人間をみる目はいっそう深くなるだろう。ドン・キホーテはそのような意味で客観的に実在するといえる。ドン・キホーテは、写真ではなく絵である。それは自然模写的な産物ではなく、自然を先取りして、それを構成したものである。

ヒルベルト以後、数学のなかに、このような構成的な方法が正門から堂々と導入されたのである。

＊現代数学が生まれるまで

しかし、構成的方法が突如としてヒルベルトによって出現したと考えるのは誤りである。一八〇一年のガウスの『整数論研究』によって受胎され、約百年の懐妊期間を経て、一八九九年にヒルベルトによって産み落とされたというほうが適切であろう。

その百年間には「ガロアの理論」「ロバチェフスキー・ボヤイの非ユークリッド幾何学」「デデキント・クロネッカーの代数的整数論」「リーマン幾何学」「リーマン面」「グラースマンの空間論」「デデキントの無理数論」「カントルの集合論」などの理論があったが、そのなかでもっとも重要なものはおそらく「カントルの集合論」であろう。

それはまさに数学における原子論的思考ともいうべきもので、連続した直線も平面も空間もすべて点にまで分解せずにはおかない。この原子にまで分解された全体を再構成する要求に応じたのがヒルベルトの『幾何学基礎論』であった。

ヒルベルトの方法は幾何学のワクを超えて、代数学・解析学・位相数学等、数学のあらゆる分野に拡大されていって、今日の現代数学を築き上げていった。

遠山は古典数学（近代数学）が主流の時代に研究者になったので、現代数学に接したときの衝撃を随所で語っている。この二つについて大胆に要約すれば、古典数学は対象に密着していて、現代数学は抽象的・形式的といえるだろう。

数学の未来像

一九七〇（昭和四十五）年三月、遠山は東京工大を六十歳で定年退職する（以後、名誉教授）。最終講義は「数学の未来像」。友人・同僚・教え子・学生・マスコミなど大学内外の関係者で大講義室は満席であった。

「いままでは学生のためを思って十分くらい遅れてきましたが、今日は最終ですので時間どおりにまいりました」と、まず枕詞で笑いをとって、遠山数学史の講義を始める。

古代の数学から説きおこし、中世・近代・現代へと話を進め、「では、構成的で静的な数学的構造が現代数学の主役であるとすると、このような性格をもつ現代数学は万能でありうるだろうか。永久に数学の主役であり続けるだろうか」と、テーマである「数学の未来像」へと展開していく。

遠山にとっては長年の関心であったし、十分に準備もしていたので、確信に近いものがあったにちがいないが、さすがに遠山も「たぶん、あたらないのではないか」と前置きしてフィクション気味に数学の未来像を予想したのであった。

＊動的体系——構造をもち、しかも動的である

いままでの数学は、確かに無機物の世界を研究するのにはたいへん威力がありました。相対性理論は宇宙の構造を研究するのに非常に強力な武器になります。あるいは、原子物理学をやるのに数学はたいへん役に立つということもわかりました。しかし、これは両方とも生きているもののいない無機的な世界なのであります。ところが、生物というまさに不可思議なものは構造をもっているのです。人間のからだをみても、はっきりと構造をもっていて、たんなる肉や骨のかたまりではなく、しかも、変化していて動的であるという性格をもっているでしょう。

サイバネティックスの創始者・ウィーナーは「動的体系」ということばを使っていますが、「構造をもっていて、しかも、動的なもの」、そういう性格が数学にも将来でてくるかもしれないし、現在でも、そういうものがないとはいえないのではないかと思います。

最近では、Category とか Functor というのが構造的であって、しかも動的な側面をもっています。確率過程というのもそういう感じがします。ある意味では、構造は空間的であり、運動とか変化は時間的です。つまり、空間的であって時間的なものが新しい数学として生まれてくるのではないかと思うのです。

最近、数学のなかで群という考え方が注目されています。この群というのは何かの構造を

揺さぶってみる一つの手段、もしくは操作（動的）の集まりで、そうすることによって、その構造自身を解明していく手がかりになるわけです。これは、地面に立っている木をわざわざ揺さぶると、根は動かない、幹は少し動く、枝はもっと動く、葉は激しく動く――それと似ています。その一方で、群そのもの、操作の集まりそのものが、また構造（静的）でもあるという二重の性格をもっています。こういう考え方はクラインによって幾何学にも使われています。――「数学の未来像」1970（要約）

また先にみてきた「数学の歴史的発展」では数学の未来像を、遠山はつぎのようにまとめている。

実在は空間的であるばかりでなく、時間的でもあるとすると、それに対応する数学も、やはり時間的・空間的でなければならないだろう。そのような数学はいまのところ生まれてはいないが、未来の数学はそのようなものとなるかもしれない。

ウィーナーは、神経生理学の進歩をあげ、神経を静的な網目構造としてあつかってきたこれまでの研究が、核酸の役割の究明によって、変化する動的な構造としても考えられていくだろうと、神経生理学の将来を予見している。それを未来の数学と関連させて考える必要はないとはいえ、数学が他の諸科学と深い関係をもちながら発展するものであるとしたら、神経生理学、広くいって生物学に無関係ではいられないだろう。数学が将来、生命現象をも包括しうるようになるとしたら、そのときは建築物に似た静的な構造では不十分となり、ウィーナーのいう「動的体系」が数学の主役を演ずるようになるかもしれない。それは開放的で動的であり、しかも、構造をもつ生体をモデルとするものであろう。そのとき、今日のように「ドライ」な数学ではなく、「ウェット」な数学が生まれてくるかもしれない。――「数学の歴史的発展」(要約)

換言すると、つぎのようにいえるだろうか。たとえば、動物が個体として生きていくためには、個々の細胞自身は消えたり、生まれたりしているにもかかわらず、一つの個体として同一性が保たれている。現在までの数学は、群という予兆はあるものの、こうした構造に対応するモデルをまだ提示しえないでいる――遠山はそこに数学の未来像を見つめていた。

最終講義では、数学史のあと、学問間の交流(学際)を訴え、期待される数学者像を語り、去りゆく東工大に向けて、持論の「クレバーな人間、ワイズな人間」論(プロローグ参照)で締めくくった渾身の講義であった。感謝と惜別のスタンディング・オベーションが会場を包んだ。

第7章

知の分断を超えて

教育と学問・科学・芸術（ミドルサマリー）

水道方式の普及以降、遠山は教育全般に発言するようになる。「人間と教育における全体性の回復」は、遠山の背骨ともいえる主張である。「学問と教育」「自然科学と人文科学」の分断をこえ、化合する必要性を訴える。おもに一九六〇年代に書かれた原稿に寄りそいながら、それをみていこう。このころ、遠山はひとつの結節点を迎えていた。それは晩年期の新たな挑戦へのスタートでもあった。

1　学問と教育の分断を結ぶ

学問からの遮断と結合

遠山はまぎれもなく研究者である。しかし、同時にまぎれもなく運動家でもある。内に激するものを秘めながらも、それをそのまま外に表わすことはなく、つねに冷静沈着であった。それが教育改革運動の仲間や読者の信頼を生んだ。数学研究から数学教育へと軸足を移しはじめたかなり早い段階から、遠山は「学問と教育との結合」の必要性を一貫して志向していた。

「数学とは何ぞや」という問題は、数学の問題ではあっても、数学教育の問題ではないと考えている人が多い。研究者のあいだには教育に関心をもつことを卑しむ気風が根強く残っているし、教育者にも研究を軽んずる気分が強い。このような研究と教育の分離は、わが国の文化のもつ弱さと深い関連がある。もし、一国の文化が輸入品に頼って花咲くことをやめて、自国の大衆という土壌のなかから生まれてくることを願うのであったら、そのような基盤を培うものとしての教育、とくに初等教育に深い関心をもたなければならない。——「学問としての数学」1956（要約）

初代の文部大臣・森有礼（もりありのり）の行政以来、日本の為政者たちは教育、とりわけ初等教育に異常とも思えるほどの熱心さで取り組んできた。その姿を遠山はつぎのように総括する。

明治以来の文部行政には「学問と教育は別物」という伝統が強く、とくに小学校教育は科学や芸術などの国民的な文化活動から遮断されていた。科学にしろ芸術にしろ、それらを創りだしていく活動のなかには、それが保守的な傾向をもつものであっても、自由というものがしのびこんでくる。教育界では、そのような自由さえ危険とみなす警戒心が働いていた。

戦後も同じように文化的創造活動から教育、とくに初等教育を切り離そうという考え方が根強く、「理科は自然科学を教える教科である」という至極あたりまえの主張にも、教育学者にはほとんど理解者がいなかった。――「教育改革と民間教育運動」1963(要約)

このように明治以来の教育行政のもとで、日本の学識者の多くは教育、とくに初等教育には冷淡であった。数学を例につぎのようにもいう。

わが国では教育に関心をもつことを研究者の堕落だとさえ考えかねない知的貴族主義が根強く支配している。教育に限らず、社会的関心の薄さを誇る気風はわが国独特の伝統である。隣接諸科学に対する関心も、やはり、きわめて薄い。

数学が社会や生産との生き生きした連関を失ったとき、そこには〝数学のための数学〟とでもいうべき不健康な空気がかもし出される。唯美主義・知的貴族主義・天才至上主義・孤立主義、その他の病気がそこから発生する。――「数学の発展のために」1956(要約)

東京で開かれた国際数学会議(一九五六年)に「数学は芸術である」と主張する唯美主義の数

学者がやってきたことがある。その後、正反対の数学観をもつ中国の数学者・蘇歩青(スーブーチン)もやってきた。彼は「もともと学問は人民のなかから生まれたもの。それをふたたび人民に返すことがわれわれ学者の任務」と主張する。遠山は「傾聴に値する」と、当時から数学と現実とのかかわりや数学者の社会的責任を重視していた。

「明治以来の日本の学識者は、福沢諭吉のような例をのぞいて、哲学者・芸術家・科学者のなかで教育論を書き残した人はきわめてまれである」としたうえで、遠山は「国民的文化ということを真剣に考える人がいたとしたら、その人は当然、教育というものにたどり着くはずである。文化を創りだす当の主体をどのように育てるか、ということが、出発点となるべきである」(「教育改革と民間教育運動」)という。

遠山は「研究と教育は車の両輪である」といい、学問と教育が相互に浸透し、相互に促進しあう関係をつねに力説していた。たとえば、ロシアは西洋文化を輸入しなければならなかった点では、明治の日本とよく似ており、ロシアも日本もともに後進国であった。ただし、日本に比してロシアの学識者は、教育に深い関心をもっていた。

科学者のロモノーソフは初期の学校の建設者であったし、非ユークリッド幾何学の創始者であるロバチェフスキーも教育論を書いている。確率論の大数の法則で不朽の名を残したチェビシェフも、農奴解放以後の教育改革に主導的な役割を演じたといわれる。なかでも

トルストイは生涯にわたって教育に関心を持ちつづけ、彼自身が教師であり、学校経営者であった。農民の子どものための学校をつくり、国語や算数の教科書を編集してもいる。

——「教育改革と民間教育運動」(要約)

メンデレーフやプトレーロフも化学の教科書を書いている。また、ロシアの科学者にかぎらず、ルソーの『エミール』、ゲーテの『ウィルヘルム・マイステル』と『遍歴時代』、シラーの『人間の美的教育について』などもすぐれた教育論として推薦する。

哲学と科学の結合

当時、教育に関心をもったロシアの科学者たちの仕事は世界史的で、その業績を遠山はつぎのように略説する。

十八世紀の初頭は啓蒙時代といわれ、諸科学がまだそれほど分化せず、ニュートンの生きていた偉大な星雲時代の熱は、まだ冷却していなかった。このような時代に西欧の科学を輸入したロシアはみずからの手で分化し、専門化する作業を行なう必要があったにちがいない。そのような必要がロモノーソフのような万能的天才を生み、十九世紀になってゲルツェンやベリンスキーやチェルニシェフスキーらのロシア唯物論の伝統を生みだしたのではなかったろうか。それはロシアのなかで科学と哲学とが深く結びついていたことを物語っているといえよう。

その強味は、いろいろな面でものをいっている。ロバチェフスキーの非ユークリッド幾何学にしても、それは一つの理論ではなく、数学の考え方を一変させる新しい出発点を意味していた。確率論におけるチェビシェフの仕事もそのようなものであった。

——「数学の発展のために」(要約)

科学と哲学の深い結びつきのうえで学問が発展していき、それをになった人たちが、さらに教育へ進みでていったのである。

遠山の学問への敬意は厳格なまでにゆるぎない。だからこそ学問と教育との緊密な結合を強調していたのではないだろうか。

一つの学問のもっている感化力をしのぐほどの感化力をもった人間など、そうざらにいるはずはない。(中略)がんらい、一つの学問はながい年月にわたって数知れぬ人びとの努力によって創りだされたものである。このこと自身が人間に対してなんらかの感化力をもっていないはずはない。たとえ、そのなかで人生や人間についてなにひとつあからさまに語っていないにしてもである。それは、一輪のひまわりの絵が、人間とは何かなどとなにひとつことばで語っていなくても、百の説教よりも深い感化力をもっているのとおなじではあるまいか。——「学問の切り売り」1972

ちなみに、一九七〇年前後の大学解体闘争と通称される騒動のなかで遠山は、「学問の切り売り」批判をする人たちに向かって「学問の一大体系をよじ登るのは生やさしくない」と、学問のもつきびしさを諭すのである。

文化を創る教育運動

そうした眼で遠山は戦後の教育状況を見つめる。体制側には意図があったにせよ、民間の教育運動においても、教育の文化的孤島化は明治以来の伝統であった。そこで、戦後の民間教育運動が、学問と教育との分断を修復し、多くの希望を託しうる文化運動に成長することに、遠山は強い期待を寄せた。しかし、一九六〇年代当時、まだまだ国民の広い層に基礎をもつ広範な文化創造的な運動にはとてもなっていなかったので、多くの科学者や芸術家に加わってもらう必要を痛感していた。

多数の科学者や芸術家が運動のなかに入ってくるためには、ある一つのことに気づいてもらう必要がある。それは、教育と取り組むことが自分の創造的活動と無縁な暇つぶしではなく、また、たんに与えるだけの恩恵的な行為でもなく、逆に創造的活動そのものを深め、更新していくための源泉であり、受け取り勘定になる行為であるという自覚である。子どもの教育に現われてくる初歩的な概念は、しばしば一つの科学の土台になるもっとも重要な概念である。たとえば、「力とはなにか」ということを教えようとして、おざなりの説明で満足したくなかったら、どうしても物理学における力の概念にふみこまざるをえない。そうしないかぎり、子どもに「わかった」と言わせることはできないはずである。子どもにわからせるには、それだけ深い理解を必要とする。だから、子どもに「力」をどう教えるかを真剣に考えることをきっかけとして、一人の物理学者が自分の学問をよりいっそう深めたり、新しい問題をつかんだりすることは大いにありうる。また、現代のもっとも新しい芸術家が幼児の絵から一つの啓示を受けとることもありうる。このような経験をした学者や芸術家が教育のなかに入りこんできたら、教育の孤島化は終わりを告げ、教育は文化創造の土台となることができるだろう。——「教育改革と民間教育運動」(要約)

文化遺産の継承と発展

各分野の学問や文化と教育を接触させ、それを基礎にみずからの力で世界観を形成できる子どもたちを育てたい——そう遠山は願う。

文化遺産の継承という狭いとらえ方では、教科内容の改造はこれまでの教育畑の人だけで可能であろう。しかし、（教育の）現代化や未来化という広い意味に受け取るなら、より広い範囲の専門家の協力が必要となってくる。このことは、ある意味では明治以来の教育史ばかりではなく、思想史に新しいページを開くことになるかもしれない。大まかにいって、明治以来、教育は文化の他の分野から切り離された孤島に似ていたように思われる。（中略）もし文化を創り出していく広い意味の国民運動のなかに教育運動をしっかり位置づけることができたら、その前途は明るいものであろう。

――「国民教育における教科の役割」1961

遠山が描いていたのは、過去の遺産の継承だけでない、もっと積極的な未来志向の文化創造としての国民運動であった。

教育改革運動の同志として研究と実践をともにしてきた遠藤豊（元明星学園校長）は、「遠山が民間教育運動についての希望や期待を語るとき、いつも胸中にあったのは、いろんな教科のあいだに緊密な連携をつくりだし、教育の内容や方法を有機的に統一し、全体的にバランスのとれたものにするということであった」といい、「それは、おたがいに連関のない知識をバラバラにつめこまれ、子どもを分裂と解体の方向に押しやっている教育の流れを押しとどめようとする大事業でもあった」と回想する。遠山はいう。

いま、日本の子どもたちは限りなく肥大したカリキュラムを押しつけられ、消化不良に陥り、そのために多数の落後者をつくり出しつつある。また、落後しない子どもも注入される教育内容を受動的に受け入れることに忙しく、自分で考える習慣を奪われつつある。このような状態を改めるには教育内容の思い切った削減と、教育方法を受動的から能動的に切りかえる必要がある。（中略）それは内容を質的に高めることによって量的に削減することである。（中略）知識の体系における重要な結節点をえらび出し、それらを徹底的に理解し得るように改めるなら、量的な削減が十分に可能なのである。

——「民間教育運動の今後の課題」1972

教育の全面的な改革を念頭に、遠山は数学以外の教科に対しても積極的に発言や提案をした。その土台には圧倒的な識見があった。森毅はそれを「分析的で乾いた知性」と評した。

2　自然科学と人文科学の断層を埋める

自然認識と社会認識の分裂と統一

遠山はイギリスのC・P・スノーが発する「自然科学者と文学者とのあいだにははなはだしい両極分解が起こっていて、たがいの不信と軽蔑が西洋文化の危機を形づくっている」という警告（『二つの文化と科学革命』1960・みすず書房）を念頭に、日本での自然科学と社会科学の分裂の溝はスノーが指摘する以上であると、ひどく憂慮していた。「自然認識と社会認識」（1961）という論文に添いながら遠山の見解をみてみよう。一九五八（昭和三十三）年に学習指導要領が改訂されたが、それを念頭に書かれている。

歴史的にみても西欧文化のなかで自然科学の演じた役割は、東洋の場合にくらべて圧倒的に大きい。コペルニクスの地動説は中世的世界観全体の転回を意味していたし、ダーウィンの進化論はそれまでの人間観や社会観全体に大きな衝撃を与えた。古代ギリシアの哲学そのものが自然科学と同じ根底から生まれ、その後にもデカルト、パスカル、ライプニッツなどのように自然科学者を兼ねていた哲学者は少なくない。
しかし、このようなことは東洋、とくに日本ではほとんど認められない。徳川時代まで、およそ学問の名に値するものは儒学であり、その他は二流・三流の地位であった。そして、コペルニクスやダーウィンに匹敵する革命を経験しないまま明治維新を迎えたのである。維新後は欧米の科学技術を貪欲に摂取することに努めはしたが、それは富国強兵の手段であって、世界観としてではなかった。「和魂洋才」である。現在でも、理科的教養と文科的教養の日本的分裂が緩和された兆候はない。――「自然認識と社会認識」1961(要約)

自然認識と社会認識の統一は、遠山の学生時代以来の関心である。その両面がひとりの子どものなかで統一され、すべての子どもをバランスのとれた主体として育てることに、遠山は教育の主眼をおいていた。一九六〇年代に教科の総合化や一貫カリキュラムを提唱した基層にはかならずこのテーマがある。

経験と認識と法則

「教育」の「教育科学」化については、つぎのようにいう。

――自然科学も社会科学も科学である以上、共通の論理が支配しているはずである。客観的世界をより正確に反映する法則が得られるという仮定は不可欠である。不可知論は哲学としては存在しても、科学としてはありえない。
これに関連して重要なのは教育における自由の問題である。子どもたちがまったく自由に考え、自由に行動しているとみずから感じているという事実と、それらの思考や行動を外から観察したとき、一定の法則性が存在するという事実ははっきり区別して論議すべきことである。もし、子どもが自由であるべきだという原則から、子どもの思考や行動そのものが無法則的であるべきだという結論を引きだすなら、教育は科学として成立できなくなるはずである。それとは反対に、子どもが完全に自由だと感じつつ思考し、行動したときに現われる法則こそが真の法則なのである。以上のことを確認したうえで、はじめて自然認識と社会認識の統一をめざす教育が可能となるだろう。——同前

そのうえで「身近なものほど〝経験しやすい〟ことは事実だが、〝認識しやすい〟とはいえない。経験と認識は同一の事柄ではないからである」という。経験が認識にまで高まるためには、場合によっては高度な手続きが不可欠と説く。

たとえば、遊星（惑星）の運動は身近な事実ではないし、それを経験することは不可能である。ところが、タバコの煙の運動は身近であり、経験するのはたやすい。しかし、認識

という点になると、事情は逆になる。遊星（惑星）の運動法則は比較的に簡単な微分方程式で解くことによって知ることができるが、タバコの煙の運動はすこぶる複雑であって、法則的に知ることは不可能に近い。——同前

断層を埋める教育

自然科学と社会科学の境界線はむずかしい。遠山はつぎのように整理する。

社会科学と対立させて自然科学と呼んだときの「自然」は、世界全体から人間と人間のつくる社会を引き去ったものを意味し、逆に社会科学の「社会」も、世界全体から自然をいちおう捨象して考えたものといえよう。しかし、重要なのは、自然科学が人間のいない自然を研究しているさいにも、それを研究している主体は人間であり、社会によって育てられた人間である、という事実である。このことは自然認識と社会認識の統一について考えるさいに欠くことのできない柱の一つである。カメラの視野のなかにカメラそのものは入ってこないが、カメラの存在を忘れてはならないのと同様である。

自然科学が人間の努力によって社会的・歴史的に発展してきたものであるという原則は、自然認識と社会認識という観点ばかりではなく、自然科学そのものの教育においても強調すべき原則である。この原則が忘れられると、科学は神秘的な魔術のごときものになって

しまうおそれがある。教育のすみずみにまで漲ってほしいのは、つぎのような人間への賛歌である。

すばらしいものがこの地上にいる。
それは苦もなく機関車をもち上げる手をもっている。
一日に何千キロメートルも走ることができる足をもっている。
雲の上をどんな鳥よりも高くとぶことができる翼をもっている。

このすばらしきものは、一体、何であろうか。
人間である。（イリン・セガール『人間の歴史』、袋一平訳）——同前

そして、遠山は自然認識と社会認識を統一的にとらえられる子ども（人間）を育てるために諸科学（各教科）が協力するだけでなく、そのことを直接の目標とする新しい教科の設定を提案する。それは諸科学が現代までに達成した成果と、それにもとづく世界観や世界像について生徒の目を開かせ、生徒自身が自分で世界観なり世界像なりをつくりだしていくための土台や資料を提供する授業である。

❶—天体史もしくは宇宙進化史（生命が発生するまでの宇宙の進化史）
❷—生物史（地球上に生命が発生してから人類が出現するまでの歴史）

❸―社会史（生産的労働が出現してから現代に至るまでの巨視的な社会発展史）

つまりは宇宙の進化から生命が発生し、人間が生まれ、労働によって人類が文明を創りだし、現代にいたるまでの歴史を追うという壮大な授業を構想していた。

遠山はスノーの「現代文明のなかにある文科的な人間と理科的な人間との対立の根は深いが、教育はそのような分裂を縫いあわせる方向に向かうべきだ」という主張に共感を示し、そのためのカリキュラムの創造をくり返し提案した。数学・科学・技術教育においても「人間がそれをつくりだしたのだ」という観点が必要であり、同時に、文科系の教育においては、科学的思考や量的認識を排除するムードを斥けるべきだと主張する。

二つの文化（自然科学と人文科学）の断層を埋めていくためには、あらゆる教科のあいだに有機的な通路をつくる仕事を根気よく続けていく必要があり、それは教科を解消する生活単元学習でもなく、各教科を平面的に並べる併列主義でもなく、各教科のもつ独自性を認めたうえでの教科の統一である。つまり、自然科学と社会科学とを合理的な思考法によって統一できるような人間を育てなければならず、そのためには個々の教科の一貫カリキュラムでは足りず、全教科の一貫カリキュラムを創造することである。

――「教科の役割とはなにか」1961ほか（要約）

これは高い次元での教育内容の統一と融合ともいえる。各教科の個別の知識の特質を生かしつつ、それらがバラバラにではなく、密接で総合的な連関をもった「組織された知識」にならなければならない。「人間の創りだしたものはすべて密接にかかわっているので、文科的とか理科的とかいう区別は便宜的なもの」というのが遠山の見解である。そして、コメニウスの「あらゆる人に、あらゆる事柄を教える」をとくに大事にしていた。

考える葦

教育は究極において人間の「育ち」と「育て」の問題といえるだろう。人間を遠山はどのようにとらえていたのであろうか。もちろん一端であるが、つぎのように描く。

パスカルの『パンセ』（新潮文庫）のなかに、つぎのような文章がある。

「人間は、自然のうちで最も弱い一本の葦にすぎない。しかし、それは考える葦である。これをおしつぶすのに宇宙全体が武装する必要はない。わずかの蒸気、一滴の水滴でもこれを殺すのに十分である。しかし宇宙がこれをおしつぶすとしても、そのとき人間は、人間を殺すこのものより崇高であろう。なぜなら人間は、自分の死ぬことを、それから宇宙の自分よりずっとたちまさっていることを知っているからである。宇宙は何も知らない」

パスカルのいうように、宇宙は巨大であり、人間は一本の葦のようにひ弱い存在だ。その宇宙の巨大さを人間に教えてくれたのは数学や天文学という科学であった。それは考える葦である人間の「考える」という力によって生みだされた学問だ。それはすばらしいことだと、君たちは思わないかね。この人間のすばらしさを教えてくれるものとしては、もちろん哲学や文学や芸術があるが、数学や自然科学だって、けっして、それらに劣るものではないのだ。そして、二次方程式を勉強することは、やがて、そういう大きな世界へと君たちを導いていく、その入り口になっていると、ぼくは思う。

パスカルは、べつのところでこうも言っている。

「空間によって、宇宙は私を一点であるかのように包む。思惟によって私は宇宙を包容する」

一本の葦にすぎないこのちっぽけな人間であるぼくたちが、思惟によって、つまり、頭で考えることによって、逆にこの巨大な宇宙を包みこんでしまう。なんとすばらしいことではないか。そのことを悟ったら、人間のからだが小さいことや命が短いことなど、気にするにはおよばないではないか。（中略）

「なぜ人間は生まれたか?」という問題は一生の問題だ。いや一生かかっても答えはでないかもしれないね。でも、その「なぜ」は、人間がいつでも問題として、自分のまえに掲げておくべきものだ、とぼくは思う。——「何のために勉強するの?」1973

3　科学教育と芸術教育をつなぐ

「科学には全宇宙を知的に所有する喜びがあるが、人間の世界観の形成としてそれで十分とはいえない」――そう遠山はいう。「人間の全体性の回復」は「教育の全体性」と通底するものであり、前節の「自然科学と人文科学」、あるいはこの節の「科学教育と芸術教育」の結合と接合という問題はすこぶる重い。

科学と芸術の共有領域

科学や技術や芸術は人間の気質や考え方にどんな影響を与えるであろうか。一般的に「科学的」という言葉は、「公平ではあるが、感情をぬき去って人間の幸・不幸を冷然と見くだしているような態度」を連想させ、科学者という人種もそういう人間だと思われがちだが、「はたして」と遠山はいう。「むしろ科学者には感情の激しいエキセントリックな人のほうが多いのではないか」と。

すぐれた科学者ほど想像力や空想力や構想力に恵まれた人びとであり、それらの力が彼らを卓越した科学者にしたのである。そういう意味では、科学は技術や芸術に接近してくる。常識的には科学と芸術とは氷炭相容れない精神活動の産物であるとされてきたし、むしろ、相矛盾するとさえみなされてきた。芸術が感情だけの産物とみなされてきたことと相呼応して、このような見方が生まれてきたのである。その根底には人間の精神を知情意に三分割する古い哲学が横たわっているようである。

しかし、科学が知だけの産物でないのと同様に、芸術も情だけの産物ではあるまい。とくに教育について考えるときには、科学と芸術とが氷炭相容れない異物であっては困る。子どもは一個の全体であるのだから、二つの異物が入ってきては子どものなかで衝突を起こしてしまうだろう。だから、科学と芸術とは、どういう点で似ており、どういう点で違っているかをふるいわけておく必要がある。——「科学と技術と芸術」1964（要約）

「元来、科学と芸術は共通点をもたない排他的な分野ではなく、想像力・空想力・構想力という領域を共有している」——これが科学教育と芸術教育を考えるさいの遠山の出発点である。

遠山は一九六〇年代の中ごろには、芸術と科学を正面にすえた「科学教育と芸術教育」（1964）という五十枚（原稿用紙）の論考を書いている。要約しながらそれを紹介していこう。

ゲーテの世界観と近代科学

この論考の冒頭から三分の二は、ゲーテをめぐって展開されている。最初に「旅びとの夜の歌」をとりあげ、静けき山の夕暮れをうたっているこの詩が、じつはゲーテの死生観を表わしたものではないかという観点から読みといていく。その死生観とは「死を、生の断絶としてではなく、生の延長――それどころか生の拡張ととらえようとしている」というものである。そこにはゲーテが若いころから心酔していたというスピノザの『エチカ』の影響もあるはずだという。

遠山はつづいて『若きウェルテルの悩み』をとりあげる。ちっぽけな自我が拡大していって全宇宙と合体する喜びを語るウェルテルの独白を引いたあと、つぎのように書く。

人間ひとりの物理的なエネルギーは微々たるものであるが、彼は全宇宙の秘密の理法を知ることができる。その意味で彼は全宇宙を知的に所有することができるともいえる。そのような喜びはあらゆる科学の研究にかならず伴っているし、また、その喜びが科学者をひきつけて離そうとしないのである。科学者は詩人ではないから、それを語りはしない。しかし、ルクレチウスの『物の本質について』やスピノザの『エチカ』やゲーテの詩で語られているのは、自然科学の研究につねに伴っているそうした喜びと同じものである。そこでは小さなワクのなかに閉じこめられた自我は消滅し、一点に縛りつけられていた視点を自由に移動することができるようになる。現代の科学は視点を移動させることで、月の裏側を見ることができるようになった。そのはたらきをピアジェにならって広い意味の〝脱中心化〟とよんでもさしつかえないだろう。科学がそのようなものであるとすると、科学教育も、やはりそのような知的所有の喜びを与えるものでなくてはならない。

――「科学教育と芸術教育」1964（要約）

とはいえ、「それでもやはり、疑問は残る」と遠山はいう。このような意味の脱中心化に到達したとして、それで十分だろうか――という問いかけである。

ここで遠山は、ゲーテの作品にたち返る。

『ファウスト』の第一部は牢獄のなかで発狂したグレートヘンの絶叫で幕を閉じる。天上の声として〝救われた〟ということばがでてくるが、読者のだれひとりとしてグレートヘンがなぜ救われたのか理解できないだろう。その解決が与えられることを期待して第二部を開くが、そこにはもうグレートヘンは現われてこない。ファウストは心地よい野原に横たわって古代ギリシアを夢みている。彼はもうグレートヘンを忘れてしまっているのだ。グレートヘンはファウストの人生体験を豊富にする材料であり、彼の成長に役立った肥料として滅びたのである。

これと似たことは「すみれ」という詩にもみられる。（娘に踏まれたスミレが、死にぎわに「怨まない」とうれしげにいう詩の）作者の心にある非情さがのぞき見られるような気がする。

――同前

この非情さは作者の個人的な性格の偏向よりもっと大きな世界観からでてくるものだろうと遠山はいい、ゲーテが影響を受けたスピノザの『エチカ』から定理50「憐憫は理性の導きに従って生活する人間においてはそれ自体では悪でありかつ無用である」を紹介する。この定理の系は「帰結として、理性の指図に従って生活する人は、できるだけ憐憫に動かされないように努める」である。

そして、スピノザやゲーテは近代の自然科学が内包している世界観を表現しえたように思えると続ける。

全宇宙が渾然たる連続的な一体であるという世界観は近代の自然科学がもたらしたものである。しかしそのような壮麗な世界観も裏からみると、壮麗なエゴイズムにすぎないともいえる。ゲーテはエゴイストであったが、エゴイストをつくりやすいという傾向は、近代的な自然科学が必然的にもっている帰結である。それを阻止する原理は、自然科学的な世界観のなかにはふくまれていないように思われる。

たとえば、もし、人間の生体解剖が許されたとしたら、生理学は飛躍的な発展をとげ、それによって数十万、数百万の人命が救われるだろうといわれる。しかし、人間の生体解剖は、死刑の確定した極悪非道の殺人犯に対しても許されていない。それを許さないなにものかがある。そして、そのなにものかは、憐憫を悪であり無用とするスピノザ的な世界観にはふくまれておらず、それとはまったく異質の世界観・人生観からでてくるものだと思う。——同前

スピノザ的な世界観、近代科学がつくりだすエゴイズム、つまり、強い自我、あるいは拡大していく自我に対して、弱さとか優しさとかの価値を、遠山はいくつかの芸術作品や表現に見出しながら語っていく。

音楽のもつ秘密

ヒトラーが宣戦布告の演説をしたとき、その前奏にベートーベンの交響曲第五番（運命）を使ったという話を紹介し、つぎのように書く。

けっして軍国主義者でなかったベートーベンの作品が、ヒトラーの宣戦布告の伴奏に利用されるところに、芸術というものの、そして、とくに音楽というものの秘密が隠されてい

るように思われる。

シューベルトの作品も、またショパンも、けっしてヒトラーには利用できなかっただろう。オスカー・ワイルドは「ショパンのためらいつつ、決しかねるような音楽」と書いているが、これほどショパンの音楽をいいあてた言葉はない。空に舞い上がるような情熱と陶酔の高まりはあるが、そのつぎの瞬間にはかならずそのことに対する恥じらいのようなものが続いてくる。それはショパンの生まれながらの声音のようなもので、けっして戦争の伴奏にはなることのできないものだ。

シューベルトも聴く人の心に強引に押しこんではこない。しかし、ベートーベンは、とくに壮年期の作品は、強引に人の心のなかに押しこんできて、聴く人の心を自分自身の心の状態に引きいれようとする。ある場合には人を反発させ、嫌悪をもよおさせる。――同前

弱さと優しさの美

ベートーベンと、シューベルトやショパンとの違いとは何か。遠山は太宰治の『如是我聞(にょぜがもん)』をとりあげ、破れかぶれの調子とも思える文章と、志賀直哉に対する悪罵のあいだから聞こえてくる信念の告白ともいえる叫びを聴きとる。そのなかでくり返される「優しさ」と「弱さ」という言葉に惹かれ、いくつものフレーズを引用する。

「みな、無学である。暴力である。弱さの美しさを、知らぬ。それだけでも既に、私には、おいしくない」

「高貴性とは、弱いものである」

「最後に問ふ。弱さ、苦悩は罪なりや」

「この者は人間の弱さを軽蔑してゐる。自分に金のあるのを誇っている。『小僧の神様』といふ短編があるやうだが、その貧しき者への残酷さに自身気がついてゐるだらうかどうか。ひとにものを食はせるといふのは、電車でひとに席を譲る以上に、苦痛なものである。何が神様だ。その神経は、まるで新興成金そっくりではないか」——同前

一見、メチャクチャとも見える文章のなかに、じつは「強さ」や「いかめしさ」と結びついた美の尺度を引っくり返して、「弱さ」と「優しさ」のなかにある美の尺度を打ち立てようとする価値の転換の試みがあると、遠山は解釈する。

遠山も太宰と同じように、志賀直哉の作品のすべてが嫌いではないが、読んでたまらなく不愉快になったり、舌打ちして「いい気なものだ」といいたくなったりするものも少なからずあるという。「グレートヘンを忘れてしまったファウストと、小僧に寿司をおごって自己満足にふけっている紳士との間にはおなじエゴイズムの醜さがある」と読む。

私が芸術教育に希望したいのは、ベートーベンやゲーテや志賀直哉ばかりではなく、それとは異質な〝弱さ〟と〝優しさ〟の美しさに輝いているシューベルトやショパンや太宰治を味わうことのできる感受性をも子どものなかに育ててほしいということである。それこそ科学教育のとうてい企ておよばない教育の分野であり、芸術教育だけにできるたいせつな仕事である。現在の科学と技術は、たとえば、天を摩するビルや、大渓谷をせき止める大きなダムをつくりだしはした。しかし、その巨大なコンクリートの割れ目から咲きでている野菊の花をつくりだすことは、まだできない。　――同前

強いものが弱く、弱いものが強い

さらにこの「弱さ」への洞察は、いのちあるもの、生命力の不思議さへと向けられていく。「科学は自然の秘密の数々を明るみにだしたが、しかし、それは生命のない無機物の世界の謎であり、生命の秘密となると、まだかいまみることさえできていないのではないか」と、遠山は立ちどまる。「生命のある世界には、生命のない無機物の世界とはまるで違う価値の尺度が支配しているのではないか」と考え、「強くていかめしい恐竜はなぜ死滅して、弱くて優しい蝶々は、なぜ生き残っているのか。そこには強いものが弱く、弱いものが強いという逆説が支配しているのではあるまいか」と想像する。そして、『老子』の第七十六章を引く。

人の生ずるや柔弱にして、其の死するや堅強なり。草木の生ずるや柔脆にして、其の死するや枯槁なり。故に堅強なる者は死の徒にして、柔弱なる者は生の徒なり。是を以て兵は強ければ則ち勝たず、木は強ければ則ち折る。強大なるは下に処り、柔弱なるは上に処る。
（小川環樹訳『老子』中公文庫）——同前

この「もっとも生命力にあふれているものは、嬰児も幼虫も若葉もすべて柔らかい。だが、死に瀕した老人や枯れ木は堅く、いかめしい」はけっして逆説などではなく、すなおな事実にすぎないと、遠山はいう。そして、老子が感じとる生命力、とくに「植物的な生命力に対する深い信頼」に共感する。老子はそうした農民がもつ自然観・生命観から出発して軍国主義批判におよぶのだが、遠山は「強大な軍備をもった国家を枯れかかって堅くなった木にたとえているが、軍国主義に対するこれほど痛烈な嘲笑はいまだかつてだれひとりとして口にしたことはなかったのではあるまいか」と深く感心する。

生命観につらなる科学教育と芸術教育

人間という存在のもつ知性の本質を、遠山はこの論考の結びで語る。長くなるが、核心なので引いてみよう。

弱さや優しさに対する感受性を育てることは、科学教育の本来の任務ではなく、芸術教育がやるべきことだと一応はいえる。しかし、真の科学教育はその妨げにはならないし、むしろ、それを助けることができる。

弱さや優しさの美しさは、本来は生命のもつ美しさである。生きているものへの慈しみは、たんなる情緒からくるものではない。それは生命のもつ精妙さに対する驚きからくる。だから、子どもが野良犬をいじめたり、トンボの羽をむしったりすることをやめさせようとしてお説教をしても、たいしたききめはない。それより野良犬という一個の被造物が、人間の理解をこえた精巧無比な有機体であることや、トンボの羽を虫めがねで見ると、どれほど美しい織りものであるかを教えたほうがはるかに効果的であろうし、百の説教より雄弁だろう。子どもは生まれつき残酷でも破壊的でもない。ただ自分が破壊しようとしているものの精巧さと美しさとについて無知であるにすぎない。

(人間は有能な電子計算機をつくりだしたが、それがどんなにか高性能であっても)この創造物は、総合的な能力では一匹の野良犬にもトンボにもおよばない。それは計算力だけ異常に発達した巨大なできそこないにすぎないのである。人間は生命の秘密をまだまだほんのわずかしかつかんでいないのである。

ただし、私はここで不可知論を唱えようとしているのではない。人間の知恵はたゆみなく前進し、拡大しつづけるだろう。しかし、前進するにつれて新しい目標がたち現われて停止することはできないだろう。ひとつの疑問の解決はつぎの疑問の出現を意味するというのが人間の知性の本性であり、そこに人間の知性の誇りがある。人間はますます深く世界を知るようになり、そのことによってますます人間というものについての誇りをもつようになるだろう。そして、世界の秘密が探りつくせないことをますます深く知るようになり、そのことによってますます謙虚になり、自分の外にある物質と人間とに対する尊敬と愛情とを育てていくだろう。
もし科学教育がそのような方向に進められるなら、芸術教育の理想と衝突しないばかりか、それと相補い、協力できることになるだろう。そして、お説教じみた浅薄な道徳教育などをまったく無用にしてしまうことができるだろう。――同前

科学にせよ芸術にせよ、子どもには最高のものを与えよというのが遠山の考えである。すぐれた科学や芸術と子どもが接触したとき、その双方になにが起きるか。科学教育と芸術教育における双方の意味を強調する。別の論考だが、つぎの一節を引く。

すぐれた科学や芸術に接触することによってはじめて、子どもは自己の秘密を明らかにするのです。クモの糸は、腹のなかに糸巻きのように糸がつまっているのではなく、体内では液状であったものが、外気にふれた瞬間に糸になるそうです。それと同じことが子ども

についてもいえるように思います。（中略）
科学教育にせよ、芸術教育にせよ、そこには子どもと最高のものとの接触があります。科学も芸術も、その内部には高い電圧がたくわえられているはずですが、そのさい、子どもとの間に一種の放電現象が起こり、その瞬間、子どもの内部が照らし出されると同時に、科学や芸術そのものの内部の思いがけない面が照らし出されることがあります。（中略）どのように幼い子どもの教育内容のなかにも、はっきりとした科学や芸術の法則や論理が貫いています。しばしばそれは最高の法則や論理であることがあります。

――「教育学者への率直な注文と期待」1962

遠山が科学教育と芸術教育を語るとき、にじみだす迫力と、ただならぬ決意を感じる。最後に藤田省三（ふじたしょうぞう）（思想史家）の遠山啓評をお借りして、この章を締めくくろう。

遠山啓氏は、分業制化された閉鎖的専門を遥かに越え出た開かれた専門家であり、その越境範囲と開放的方位とは現代の「百科全書」派と呼ぶにふさわしいものであった、と私は思う。しかも自らの原点を終始堅持されている所に信憑度の高い中心性が彼の文章の中に貫かれる所以があった。生き方においても恐らくそうであったであろう。（中略）澄み切った精神、穏やかなユーモア、卓抜な比喩、そして明晰な切開力、それらすべてのものが渾然一体となって私たち読む者を心の底から頭の先まで全体的に啓発してくれる。(中略)(会うと終始穏やかな遠山が)「価値は多元的でなければならぬ」と言い切る時、そこには、劣位と見做されている人達の持っている或る高い精神的能力に対する信仰がゆるぎなく宿っていたし、「偶然性の原理が生きて働いていない社会は不健康なのだ」と確乎として言い切る時、そこには、籤運(くじうん)の存在を思い起こさせることで成功者には自惚れを自制させ失敗者には安心と勇気を与えようとする大きな明察がしっかりと脈打っていた。それを目前に見るとき、本当の強さとはこのような穏やかなものの裡にだけあるのだ、と思わないわけにはいかなかった。――藤田省三「この欠落」1980

山梨の巨摩中学校で「ピックの定理」の授業。1973年夏

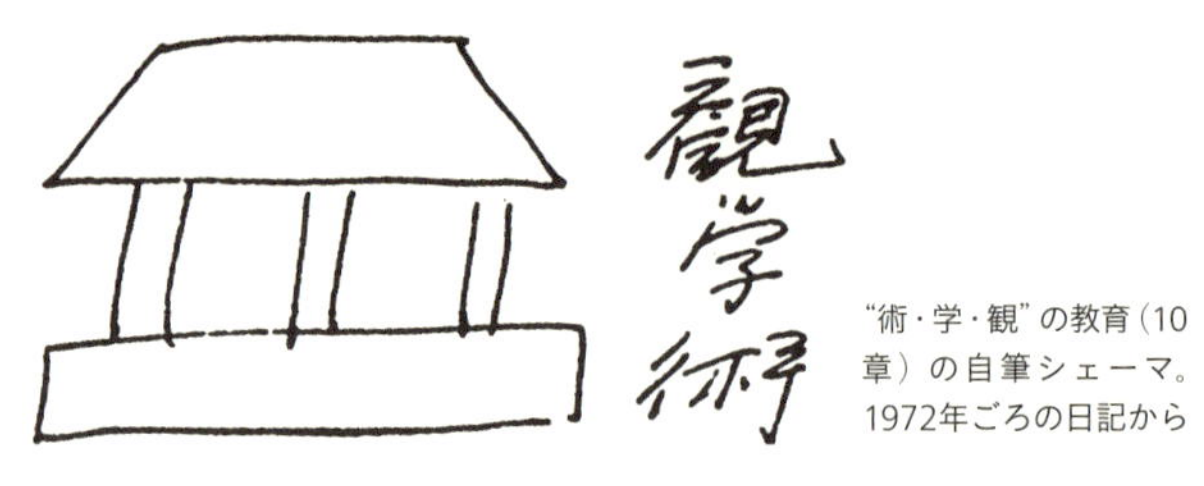

“術・学・観”の教育（10章）の自筆シェーマ。1972年ごろの日記から

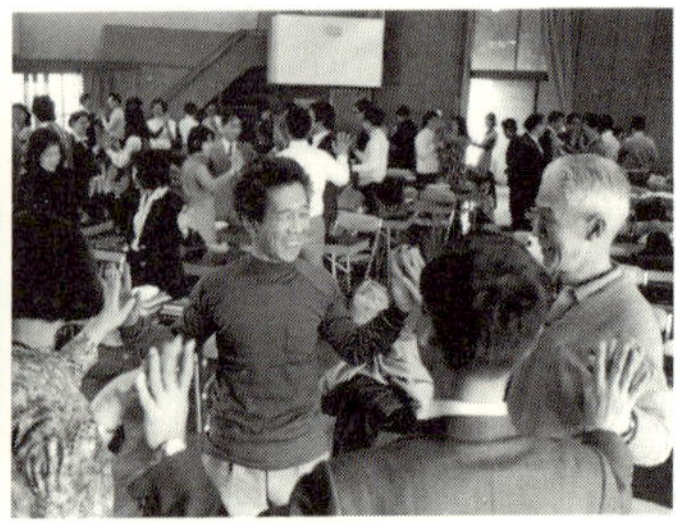

右／「日曜ひと塾」（11章）で竹内敏晴氏を講師に招いて。1975年1月
左／自宅の書斎。遺稿「数学独り旅」はここで発見された

愛用の将棋盤。将棋を生涯たのしんだ

54.1.01（月）　11時におきる。
風なく、小春日和だが寒い。

日本人には目をつぶって断崖から飛びおりるような危険な衝動がある。
これは危機がくると頭をもたげる。
日本浪漫派から三島につながる系譜的衝動だ。
これに対抗するために科学的思考法が養われる必要がある。

科学教育がこのような立場から論じられたことは今まではなかったようだ。

1979年（没年）元旦の日記から

左／最終講義「数学の未来像」。1970年3月、東京工大
下／軽井沢の別荘で「遠山塾」を開く。関数の授業で落下実験。1976年8月

第8章

原点としての障害児教育

一九七〇年代（六十歳代）❶

一九七〇年代に入って、遠山は教育全般の改革運動に本格的に乗りだす。そのきっかけは都立八王子養護学校での障害児教育との出会いにあった。それは人間開眼ともいえるほどの体験であった。七〇年代の遠山の思索と発言は、それまでの「知」や「学」を主軸とした視点から、「そもそも人間とは何か」という「存在」そのものの尊さを基盤に教育思想を構想するものとなっていく。

1　人間観・教育観をゆるがす体験

障害児教育との出会い

遠山にとって一九六八（昭和四十三）年は運命的な年である。障害児教育との出会いである。それは、その後の遠山の人生を決定づけるほど大きな出会いだった。

当時、知的障害児の教育においては、普通学級ではとうに姿を消していた生活単元学習が主流で、国語や算数といった教科ではなく、買いものとか遠足とかいう生活場面がテーマであった。あるいは作業であった。東京都立八王子養護学校の教師たちはそれに疑問をもち、知的障害児への教科教育の可能性をさぐっていた。同校の算数分科会では「数学教育協議会が掲げるスローガン『すべての子どもに〝わかる算数〟を』の〝すべて〟には障害児も入るはず」とねじこんで、野沢茂（のざわしげる）（明星学園）に講師を依頼し、ひんぱんに研究会をもっていた。

一九六八年、八王子養護学校で「第三回・実践報告会」が開かれた。野沢の都合がつかず、遠山が講師として招かれ、授業参観と研究会に参加することになった。「知恵おくれ」といわれる子らとのはじめての出会いである。なんの予備知識もなく出かけていった遠山は驚く。「こういう子どもがおり、また、こういう子どもを教育している教師たちがいるということに、私は、そのときまでついぞ気づかなかったのである」（「水源に向かって歩く」）と記している。

そのとき、遠山は全体会と、それに続く教育放談会の席上で、「『精神薄弱児』の思考と、普通児の思考のしかたの質は同じで、量的に程度の差があるにすぎない。したがって、『精神薄弱児』をふくむ授業研究は、教育全体のなかで大きな意味をもっている」と発言し、同席した精神薄教育学者の猛反発を受けた。（当時は、知的障害を精神薄弱と呼び、健常児を普通児と表現していたため、引用についてはママとした。以下同。）

当時の教育学や心理学は、障害児は健常児とは質の異なる「特殊な児童」であり、認識や思考力が弱いだけでなく、意志も薄弱、ましてや教科教育は論外という障害児観であった。そうしたなかで、遠山は毅然と「では、やってみましょう」と応じた。遠山の「宣戦布告」である。これを機に、遠山の障害児教育に対する実践研究が始まる。遠山によると、はじめて授業を見たときの印象は悲観的で、「ふつうの国語や算数を教えることは不可能ではないにしても、たいへんな努力を必要とする」と感じたという。

驚くべき知的要求の強さ

翌一九六九（昭和四十四）年の実践報告会のテーマは図形教育であったが、遠山はその助言者をひきうけた。それ以降、月に二、三回、ときには毎週のように学校を訪問し、朝早くから授業を参観し、夜遅くまで教材研究や教具づくりに加わった。そのなかで「スモールステップ論」を主張する。

実践研究は図形を分類する指導から始まったが、遠山は「分析―総合」の思考が重要で、あらゆる教科の基礎となることを指摘。そこで、図形指導を発展させ、方眼を用いる「分析―総合の授業」を開拓していく。その一方で、モンテッソーリの感覚教育についての研究から「はめこみ教具」の導入を発案する。

ある日の授業で、はめこみ教具を用いて「大きいマル」と「小さいマル」の二つの木片を、ピッタリとあう凹地にはめる「大小くらべ」をしたときのことである。遠山の人間観・教育観をゆるがすことになる場面に遭遇する。遠山はつぎのように描写する。

これは量を認識するもっとも初歩的な出発点であり、これができたからといって、どうということはないかもしれない。しかし、少なくとも、その子どもにとっては生まれてはじめての体験だったのではないか。つまり、問題とは何か、そして、それを解くとは何かということをはじめて体験したのではないか。
その子は両手をあげてとびあがって、ほかの子がはめ板をやっていると、もうそれがやりたくて、やりたくてたまらなくなって、座席にすわっておれなくなって、そこへ走っていく。あんまり勢いよく走ったために、床にすべってころんで、頭を打って、こぶを出した。

——「原教科の指導」1971（要約）

遠山はたいへんな衝撃を受けた。言葉もなく、知的要求などまったく示さなかった子の、また、まわりからも知的要求がないと思われていた子の、その知的要求の強さに仰天したのである。それは根源的な知の解放の姿であった。

——熱狂的といってよいほどの喜びの動作であった。両手をあげてバンザイをしてとびあがったのである。

そのときまで私は、その子に喜びや悲しみの感情が潜んでいるとは思ってもみなかったので、それはまったく意外であった。そのつぎには一種名状しがたい感動にとらわれた。「この子どもに、これほどの知的な要求が潜んでいたのか。それをひきだせなかったのは、まったく教える側の未熟と怠慢のせいではなかったか。人間とはこれほどまでに知的な探究心を内包している生きものなのだ」

いささか、おおげさないいかたをすれば、「ここに人間がいる（Ecce homo）」と叫びたいほどであった。——「水源に向かって歩く」1976

そして、試行錯誤のなかから、少しずつ子どもたちが納得する授業を創ることができるようになっていく。そのときに子どもたちが見せる喜びの表現に、遠山は「全身的」なものを感じ、そこに「この子たちの人間であることのまぎれもない証」を見るのである。

マホメットが「山よ、動け」と大声で言っても、山は動かなかった。そこで、自分のほうから山に向かって歩いていったという逸話があるが、まさにその心境であった。「教えるほうはひとところにいて、〝子どもよ、わかれ〟と言っても、さっぱりわからない。われわれはマホメットのように、自分から子どものほうに近づいていくべきではないか」という感慨をもち、「知的発達のいちばん根源的なところまでさかのぼっていけば、学習が不可能と思われていた子も、学習の軌道にのってくるはずである」（「原教科の指導」）と予想する。いや、そこにはすでに確信に近いものさえ生まれていたのである。

未踏の道への扉を開く

遠山が滝沢武久（教育心理学者）に語り、滝沢が衝撃を受けた言葉がある。

数学的認識の原型は障害児の行動からもっとも端的にとりだせることが、養護学校の子どもたちを見ていてよくわかりましたよ。それにこの学校で使っているモンテッソーリの感覚教材が、数学的概念の基礎をつくるのに、あんなに有効だとは思ってもみなかったですね。 ――滝沢武久「『歩きはじめの算数』のすすめ」1992

当時の心理学では、「知的障害児は論理的思考に〝障害〟をもつ子どもであり、論理的思考が〝未発達〟な幼児とは質的に違うので、数学的概念の形成は不可能」とされていた。また、感覚的な基礎を育てることによって一般的な観念にまで高めようとするモンテッソーリの教育についても、それを機械的な感覚主義ととらえていた滝沢は、感覚の訓練が数学的認識の発達と根底で結びつくという説に、にわかには同意しかねていた。

しかし、障害児を「特殊」とみなす教育観から脱却し、それは質の差ではなく量の差にすぎないという人間観・知能観に立ち、人間としての知的発達をあきらめず、指導のしかたを工夫しさえすれば、健常児同様、障害児も抽象的な概念に接近していけるという事実を見せられ、滝沢は驚愕したことを率直に告白している（同前）。

遠山は先の衝撃体験をくり返し書き、くり返し話した。

養護学校での体験は私の教育観・人間観をゆるがす力をもっていた。まずはじめにわいてきた疑問は、学校教育における序列主義の問題であった。たえずくりかえされるテストの点数によって生徒を優等生から劣等生の順に一列にならべることに、どのような根拠があるのか。その序列のもとになる点数とは何か。また、なんのために序列をつけるのか。ながいあいだ教師をしていながら、深く考えてみたことのなかった問題が浮かびあがってきた。――「水源に向かって歩く」

教育本来の目的からみれば、テストも序列も競争心も、本質的な意義をなんらもってはいない。もし学問のほんとうのおもしろさを味わったら、子どもたちは「やるな」といっても勉強をやめないだろうと、遠山はいう。さらに「他人に勝つために勉強するというのは邪道であって、人間の学びの本質からははずれている」とも批判する。

「子どもに学びの意欲を起こさせるための正しい方法は、学問や芸術の本来のおもしろさ、底知れない深遠さ、複雑さを子どもたちに味わわせることであり、それ以外にはあり得ない」

（「根源教育としての障害児教育」1971）というのが遠山の揺るぎない信念となった。

共同研究の仲間として

子どもたちの「知る喜び」は教えるほうにも伝染する。子どもの喜びは教師を心の奥から励ます力をもっている。遠山は超がつくほど多忙な日々にあったが、すすんで八王子養護学校にかよい、この実践的な研究にのめりこんでいく。遠山とともに実践研究を続けた同校の教師によると、「ぼくは八王子に出かけるまえの日は、小学校のころの遠足にいくまえの日のようにワクワクするんだよね」と語っていたという。週に三日もかようようなこともたびたびあった。

遠山が一九七〇（昭和四十五）年に八王子養護学校の教師たちに寄せた一通の手紙がある。

この間の合宿は大変有益でした。各グループの交流ができたことは、とくによかったと思っております。ぼくも、一層努力してこれまでの理論や実践記録を手に入れて勉強しようと思っています。その手始めとしてヴィゴツキーの『思考と言語』を読みましたが、大変すぐれたものだと思いました。（中略）今回は大へん高価なプレゼントをいただき有難う存じました。ただしこういう他人行儀なことは今後はやめて下さい。お互いに一つの研究をやっている仲間として、こういうことは気にしないでやっていくようにしたいものです。（中略）今回はありがたく頂だいしますが、以後は受け取りませんから、そのつもりで。

合宿研究会の講師謝礼として贈られた品への礼状である。遠山は一九六八（昭和四十三）年に障害児教育と出会って以降、亡くなるまでの十二年間、八王子養護学校の教師たちと講師ではなく仲間として共同研究を続けることになる。春や夏の休みには山中湖の民宿や遠山の別荘で合宿研究会を何度もおこなった。

原数学・原教科の提唱

知的障害児に教科教育は不可能であるとする「教科教育不可能論」の多くは、健常児の指導法をそのまま障害児に適応して失敗した結果、生まれてきたものである。だから、教科教育にたいする既成概念を打ち破り、これまでの学校教育のなかでは考えられなかったような初歩的な学習を大胆にとり入れる必要がある――そう考えた遠山は、「原数学」という新しい数学の概念を提唱する。

この「原数学」という新分野の算数教育は、従来のように数の指導から出発するのではなく、数を認識する以前の「数概念の萌芽」の意識的な指導を意味していた。つまり、従来の算数・数学のより基礎的な部分をなし、やがてこれまでの算数に接続していくような領域であるとともに、言語・音楽・体育・造形などほかの分野と密接に連結していて、分離することが困難なほどの基礎をなすものである。仮説としてつぎのようなテーマをたてた。

❶—未測量の形成＝モンテッソーリの感覚教育に学ぶ。数学教育での「量」の前段階
❷—概念形成（分析—総合の思考）＝集合と論理の前段階で、言語教育との共通分野
❸—空間表象の形成＝方眼・座標の前段階で、絵画や工作など造形教育との共通分野

これらは、健常児なら遊びや模倣のなかで、就学前になかば無意識的に身につけるものであろうが、それを意識的・体系的に指導しようという発想である。

一九七〇（昭和四十五）年におこなわれた八王子養護学校での夏季合宿研究会に、遠山も泊まりこみで参加する。このとき、算数・国語・労働・音楽など各分科会による研究の関連が問題にされた。そのなかで教科教育の基礎として「原数学」のみならず、それに相当する「原言語」「原音楽」「原体育」というような領域も考えられると発案し、それらを総称して「原教科」という構想を提起した。

従来の教科を手の指の一本一本になぞらえるなら、「原

図形
数量
未測量の形成
概念形成の方法（分析—総合の思考）
空間表象の形成
初歩的な認識（形と色）

原数学

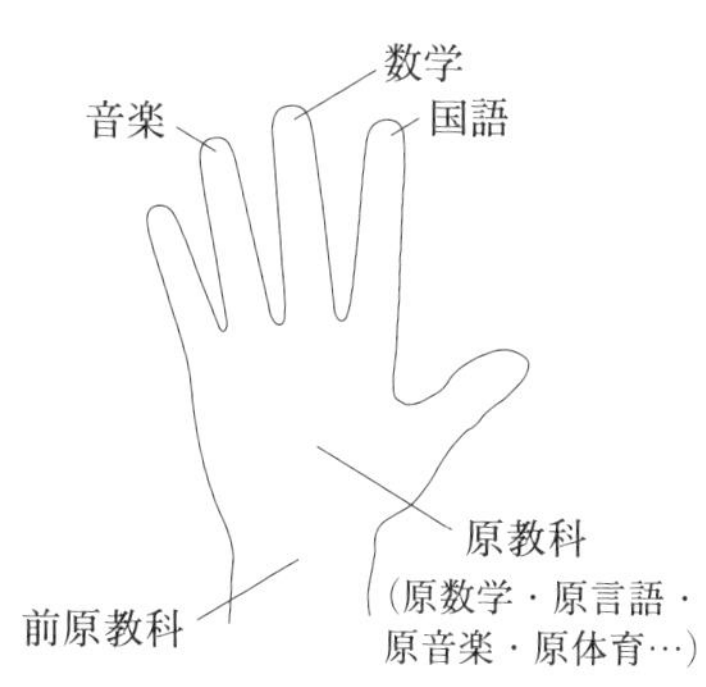

原教科・前原教科

教科」は手のひらの部分にあたるといえる。だから、原教科では各教科が融合しあっており、たとえば、原数学と原言語が分かちがたく入り組んでいる部分も考えられる。

そうした構想を進めるなかで遠山は、障害児の教育は「特殊教育」と呼ばず「根源教育」と呼ぶべきであると提起したのである。

このころ、八王子養護学校の教師たちは教科教育の実践研究を進める一方で、都教委の方針に反して「障害児の教育権の保障」という観点から「最重度の精神薄弱児」の受け入れを決めた。その子らが入学してきたことから「原教科」ですら成り立たない状況が生まれ、「前原教科」という領域も仮説として構想されるようになり、教科教育の根源へとますますさかのぼっていく。これは「原教科」とは異なり、かならずしも内容が体系だっていたわけではないが、子どもが自分でやってみたくなるように働きかけるという営みで、子どもの能動性を重視することが特徴であった。

『歩きはじめの算数』の出版

八王子養護学校の算数分科会は、一九七二（昭和四十七）年、それまでの実践研究の成果をまとめた『歩きはじめの算数』（遠山啓＝編、国土社）を出版する。この本は当時の「教科教育不可能論」に亀裂を生ぜしめた実践報告として時代に突き刺さった。刊行から四十年を超えて、いまなお障害児の算数教育の貴重な文献として読みつがれていて、現在では多くの特別支援学校で、この本を参考にした授業がおこなわれるようにもなった。

この本の出版をめぐっては、数かずの忘れられない秘話がある。

一九七一（昭和四十六）年の春のことである。当時、国土社の編集者だった私にとつぜん遠山から電話が入った。

「国土社から本をだしたい。ついては印税を少し前借りしたいんだけれど……」

〝エッ！ あの遠山先生が印税の前借りまでして本をだす〟――名ざしで電話をもらうことさえ畏れ多かったカケダシのころだったので、私はいっきに緊張し、頭がまっ白になった。前借りとは、じつは算数分科会の研究活動費を捻出するふくみだった。

その年の夏、軽井沢にある遠山の別荘で研究会をかねて編集会議がもたれ、単行本の構成がほぼかたまった。「分析―総合」と「量」の実践研究についてはかなりの成果が蓄積されていたが、「空間」は未開拓だったので、せめて予告的な内容だけでもという結論になる。

そのとき、「ものの弁別をどう教えるか」にひどく苦労していた小島靖子（八王子養護学校教諭）が困りはてたすえに質問した。遠山は「パターン認識は神秘だ」とそっけなく答えた。「それでは、どう指導してよいかわからない」と、小島は泣いて食いさがった。遠山は「人間の思考や見方にはわかりきれないものがある。分析しないでもちゃんととらえられるほどに、人間の能力は偉大なのだ。コンピュータとはそこが違う」とやさしく愉した。

また、本の制作が進んで、校長の序文をもらうかどうかが問題になったことがあった。当時、教師たちは学校の教育方針をめぐって校長と深刻な対立関係にあったため、「そんなものはいらない」と一蹴したが、遠山は「かならず頼め」と頑として押しきった。後日、「あの序文は八王子養護学校批判がでたときの防波堤だよ。校長も推薦していると反論できる」と配慮のゆえを教えてくれた。

翌一九七二（昭和四十七）年一月、日教組の教育研究全国集会が甲府で開催された。その会場で、この本を販売する予定であったが、脱稿が遅れたうえに、年末年始の休みをはさんで印刷所はパンク寸前。それでも「なんとしても会にまにあわせるように」という遠山の断固たる指示に、執筆した算数分科会の教師たちも、印刷所も、版元も大車輪。正月休みを返上して必死に時間と闘った。教研集会の前夜になんとか百五十部ほど見本をつくり、当日の朝、甲府をめざして高速道路を一目散に車で走った。

遠山は自分の著作であっても、上梓されるころには関心がほかに移っていてほとんど興味を示さないのがつねなのだが、このときばかりはめずらしく「できあがりしだい、すぐに届けてほしい」とわざわざ電話があった。意気ごんでいた。集会の期間中、本は飛ぶように売れた。

ターニング・ポイント

八王子養護学校の実践研究はその後、「空間・図形の指導」にあらためて取り組み、遠山も教師たちも「パターン認識」を問題にする。一九七五（昭和五十）年にはブラックボックスを用いた因果関係の授業を試みる。数学でいえば、関数の導入である。数・図形・量などを「静の数学」の「原」とすれば、因果関係は「動の数学」の「原」といえるだろう。

遠山は『歩きはじめの算数』をひとつのターニング・ポイントに、日本の教育全体を視野に入れて序列主義教育批判へと向かう。先の甲府の教研集会では閉会式に「内と外の能力主義」という特別報告（講演）をおこない、同年八月の数教協全国大会では「楽しい学校をつくろう」という開会講演をおこなった。ともにその後の教育運動を方向づけた内容で、聴衆の感銘を呼ぶ。新しい運動をつくりだす遠山の姿には鬼気迫るものがあった。

2　教育の原点を問う

なぜ、教育するのか

障害児教育は、なぜ教育するかという根本的な問いに人びとをつれもどす——そう遠山はいう。

——すべてのことに〝なぜ？〟という問いを発せずにいられないのが人間である。人間以外の動物には〝なぜ?〟という問いはないだろう。しかし人間も、おおぜいの人が長いあいだ続けている営みに対しては、〝なぜそうするのか〟という問いを発することをつい忘れがちになる。数百万の教師が数千万人の子どもを教えている教育という営みのなかで、〝なぜ子どもを教えるのか〟という問いは、もっとも重要で根本的でありながら、忘れられていることが多い。「立身出世のため」「社会の役に立つ人間に」といった答えがあるが、そこでは、この世に一回しか生まれてこない、かけがえのない存在としての子どもは忘れられてしまっている。

この問いにおざなりの答えですますことのできないのが障害児の教育である。ここでは〝人間として生まれたから、人間として育てる〟という教育観だけが支えとなる。障害児教育に取り組んでいる人は、毎日毎時間のように「なぜこの子どもたちは教育されねばならないか?」という問いをつきつけられ、〝彼らが人間だから〟と自答しながら仕事を進めているのだろう。障害児教育は〝なぜ教育するか〟という根本的な問いに人びとをつれもどすという意味で、教育の原点である、といってよい。

——「教育の原点とは」1976(要約)

教える営みを問いかえす

障害児教育に教育の原点を見出すと同時に、遠山はもうひとつの意味を見つめていた。それは既成の教育研究について「原点からの再出発を可能にする」ということである。健常児からくらく乗り越えてしまうことでも、障害児には簡単にできないことがたくさんある。そこから子どもの発達の様相を理解し、教材や授業を検証できるからである。

たとえば、障害児に「2＋3」を教えるとき、実物のタイルを使って説明しても、2のタイルと3のタイルは離れたままで、「足して5」というまとまりになることを理解できなかった。だが、二つのタイルをぶつけてカチンと音をたてるようにしたら、はじめてひとつになったことを理解してくれた。こうした例をあげながら、遠山は障害児教育の意義を考える。

進歩がおそいので、スローモーション・フィルムのように、子どもの考え方の細かな発達のあゆみをきめ細かく知ることができるのである。だから、障害児の教育は発達の微細な段階を教師に教えてくれる。それは普通児の教育にも大きく役立つだろうと思われる。普通児教育のモノサシが一センチ目盛りだとすると、障害児教育のそれは一ミリ目盛りだと言える。――同前

さらに、「教えるほうにわずかの誤りや飛躍があっても、子どもたちは受けつけない。それはまるで精度の高い鋭敏な測定器のようなものだ」といい、すべての教師は一度はかならず障害児教育を体験すべきであるし、とくに教育実習のなかではこれを必修とすべきだと書いた。

困難ではあるが不可能ではない

一方、当時の教育界には、遠山の考え方とは相容れない思潮があった。そのひとつは「何かの役に立たせるために子どもを教育する」という功利的な教育観であり、もうひとつは「障害児はもはや発達の可能性がない」とする学説（思想）である。

この教育観は、そのまま「役に立たない障害児は教育するにおよばない」ということになり、障害児は健常児のじゃまになるから支援学校（学級）に集めておくという考え方になる。また、この学説からは、障害児に知的教育は不要であり、単純労働を訓練しておけばよいという考え方がでてくる。遠山が障害児教育に取り組んでいたころは、むしろ、こうした学説が支配的であった。

こうした思想を打ち破るには、障害児も発達可能であることを授業のなかで実証してみせることがもっとも有効で、それは困難ではあるが、不可能ではないと遠山は唱える。

人びとを勇気づけるのは、授業が成功したときに、彼らが見せる爆発的といってよいほどの知的要求の激しさであろう。これほどの強い知的要求がひそんでいるかぎり、正しい方法さえ発見されたら、いかなる障害児も発達可能、教育可能であることを教師に確信させるにちがいない。

もし障害児が発達可能であることが実証されたら、日本の教育全体を支配している序列主義を底辺から打ち破るきっかけとなることが期待される。――「教育の原点とは」

遠山は「障害児の教育研究はまだゆりかごの時代で手探りの段階」といい、情熱をもった若い研究者や教師がこの分野に入り、障害児教育学の自立に向けて緻密で粘りづよい仕事に参加することを呼びかけた。そこで必要となるのは高度なヒューマニズムと、現代の科学の最高の成果を使いこなすことのできる強靭な学問的精神であると諭す。

3 人間は測り知れない存在

上へ上への時代

一九六〇年代から七〇年代初頭の日本は、まぎれもなく高度成長期であった。三種の神器といわれる白黒テレビ・洗濯機・冷蔵庫が普及し、東京オリンピック（一九六四年）の開催にあわせて東海道新幹線や東名高速道路などのインフラが整備される。一九六八（昭和四十三）年には国民総生産（GNP）が世界第二位となる。GNPを大きくすれば、それに比例して国民も幸福になるという妄信的な風潮のもとで、経済第一の道をばく進していく。

このような時代には当然のように障害児は無視され、社会の片隅に追いやられるほかなかった。教育においても、大学受験を頂点に、すべて「上を見て歩く」ことが理想とされた。遠山は社会状況・時代状況をそのように見つめ、「障害児教育は性能と能率を目標とせず、人間は人間であることによって限りなく尊いという教育観に立つべきである」といい、「障害児教育の研究を進めていくことは、上を見て歩く教育に待ったをかけるものである」（「障害児教育の障害」1970）と意義づけていた。

高度経済成長期、教育もまた「人的能力の開発」の手段とされ、受験競争が激しくなり、子どもたちを「つめこみ」と「せきたて」の教育に駆りたてていく。学校はテストの点数によって子どもたちをふるい分けて成績順に並べる選別機関と化し、子どもたちの多くが学校から落ちこぼされ、未来への希望を奪われていた。進学塾が乱立し、自殺・家庭内暴力・非行・校内暴力など、事態は深刻さを増していく。

複雑で測り知れない存在

「すべての子どもを賢くて丈夫な人間に育てる」——遠山が晩年に語った、シンプルだが、含蓄に富んだ教育目標である。換言すれば、この世に生を受けた一人ひとりの子どもたちの可能性を最大限に引きだすことである。しかし「この立場から学校教育を眺めたとき、はたしてそのとおりになっているであろうか」と、遠山は問う。

絶えずテストをやり、テストの点数によって子どもたちを優劣の順に序列づけ、その序列の体系のなかで競争させる。それがいまの学校のめざすところではないのか。

その根底には、テストの点数は子どもの人間としての価値をはかる正確無比な尺度であるという強固な信念が横たわっている。この点数信仰は、人間が宇宙のなかでもっとも複雑で測り知れない、深味のある存在だという人間に対する畏敬の感情を甘ったるい感傷としてしりぞける。また、一人一人の子どもが彼独自の発達法則をもっていることをも無視する。――「人間への畏敬の念を忘れたもの」1978

テストや序列と人間にかんする見解は遠山の晩年の最大テーマなので次章で詳述するが、ここでの指摘は、子どもの学習権は当然として、障害児はいうまでもなく、すべての子どもが（というよりは人間が）生来的にもっている「生きる権利」の根拠である。子どもを大人の予備軍ではなく一個の人格ととらえ、子どもにとっての最善の利益を最優先する人権の思想である。

いま、不登校とか発達障害とかいわれる子の教育について、さまざまな意見が交わされているが、遠山は人として保障されるべき権利の側から、その議論を解きほぐす原点をすでに四十年もまえに提示していたということではないだろうか。

ちなみに、子どもの権利条約が国連で採択されたのは一九八九（平成元）年である。条約には「生きる権利」「育つ権利」「守られる権利」「参加する権利」が謳われているが、日本がこれを批准したのは一九九四（平成六）年で、百九十五か国のうち百五十八番目であった。さらにそれから二十年以上を経たが、権利の行使どころか、この思想そのものがまだまだ浸透しているとはいいがたい。ともかくも遠山は、一九七〇年代から「子どもの生きる権利」をはっきりと主張していたのである。

選挙権についても、当時、遠山は「十八歳から有権者」が持論で、「若者の意見が反映できる仕組みにすれば、日本の教育はかなり変わる」と考えていた。

上からの序列化、下からの序列化

点数信仰は障害児教育のなかにも公然と入りこんだ。その現われが養護学校の義務化（一九七九〈昭和五十四〉年）である。

養護学校義務化の前年（一九七八年）、「軽度心身障害児に対する学校教育の在り方（報告）」という答申が「特殊教育に関する研究調査会」から文部省へだされる。そこには「発達診断表」という付属資料があって、衣服の着脱や言葉づかいなど、こと細かに診断項目があげられていた。子どもの固有の発達にかかわるものよりも、親のしつけのあり方や家庭環境に左右されるものが多かった。遠山はこれを、点数信仰が障害児教育のなかに姿を現わしたものとして、敢然と批判した。

現在の日本の教育状況のなかでは、親にとって子どもが〝ちえ遅れ〟のレッテルをはられるかもしれない、と考えるだけでも恐ろしいことである。養護学校や特殊学級そのものが恐ろしいのではない。そのレッテルが子どもの一生の負い目になるかもしれないからである。それは虚栄心などといってすませられる問題ではない。

これほどの威力——親たちをおどかす力——を持つかもしれないこの〝発達診断表〟なるものは、正確に言えば、どうして、どのような学問的根拠にもとづいて作られたものなのか。（中略）三年間かけて作ったというが、私に言わせると、そんなものは三十年かけても三百年かけてもできるものではないのだ。なぜなら、そういうものは、しょせん一種の平均値にすぎず、その平均値からはみ出す型破りの子どもはかならず存在するものだからである。それが人間であり、人間のふしぎさである。人間のふしぎさに対する畏れの念を失った人だけが、そういう表を作ることができるのだ。——同前

子どもを普通学級に入れるか、養護学校に入れるかは、従来から知能検査によるＩＱの数字で判断されているが、あのようなお手軽なテストで精妙きわまる人間の知能が測れるのかと、疑問をもつ親や教師は少なからずいる。遠山自身も「ＩＱ一〇〇と一三〇では大きな差を感じるが、そもそもＩＱの数字自体が人為的なもの。それぞれに一万をたして一万一〇〇点と一万

一三〇点と考えたら、ほとんど差はない」と笑いとばしていた。

このときに施行された義務化政策は、行政に対する養護学校の設置義務であって、子どもの就学義務ではない。そこで、「義務」という名目で必要以上に養護学校をつくり、その定員を満たすために、それまでは就学猶予や免除で自宅や施設に待機していた重度の障害児ばかりでなく、学習進度が遅いとはいえ、普通学校で学べる子にも「障害児」というレッテルを貼り、強制的に養護学校に就学させるという事態が起きる。設置義務を名目にした事実上の分離教育である。

そうした養護学校の義務化と大学入試の共通一次試験が、同じ年に始まっていることは興味ぶかい。義務化の公布と同時に遠山は、「共通一次試験を上からの序列化促進であるとすれば、養護学校義務化は下からのそれであるといえよう。この上と下からの序列化促進が、ときをおなじくして実施されようとしていることは、重大な意味をもっている」(「上と下からの序列化」1979)と発言し、その後も「こうした学校体制の序列化は、いわゆる『できない子』ばかりでなく、『できる子』も犠牲者にする。なぜなら、優等生といわれる子は無知をさらけだす恥辱感が身についていていて愚問が発せられない。愚問の発せられないところに教育も育ちもあり得ない」と警鐘を鳴らした。

その後、批判と反対運動が強まり、二〇一〇年代は保護者の希望も勘案されるようになり、東京都の場合は「居住地交流」とか「復籍交流」とかいうかたちで地域の学校や普通学校との交流教育がおこなわれるようになる。

DoからBeへ

遠山にこんな文章がある。一九七三（昭和四十八）年に『ひと』誌の連載に書いたものである。

知恵おくれの子どもを知ったことは、それまでの私の教育観を変えてしまいました。いや、ほとんど逆転したといってもいいくらいです。

もちろん、それ以前も、すべての子どもを賢く、すこやかに育てるということをたてまえにはしていましたが、それはどちらかというと謳い文句のようなもので、それほど切実な意味はもっていませんでした。しかし、障害児を知るようになってから、それを謳い文句に終わらせてはならないと思うようになりました。　——「第三の差別」1973

遠山は障害児（教育）と出会うことによって、「知っているか／知らないか」「わかるか／わからないか」「できるか／できないか」という能力（知識）以前に、「人として生まれ、人として生きているだけですでに尊い」「人間として生まれたのだから、人間として育てる」という人間観こそが教育のベースにならなければならないことを心の奥深いところで自覚させられたのではないだろうか。僭越（せんえつ）を承知でいえば、人間開眼である。

これは「Do」（行為）を第一にすることから「Be」（存在）を原点とすることへの変化ではないだろうか。Beはそれぞれの人間を固有の存在として、生まれた価値自体を尊ぶ。比較の視点そのものがなく、序列とは無縁である。

とはいえ、遠山はDoを軽視したわけではない。Beに最大の敬意を払ったうえでDoの教育を力説していたと思える。

あるとき、算数の苦手な子をもつ母親が、「子どもは計算ができないといけないのでしょうか」と切実感をただよわせて遠山に質問をしたことがあった。すると遠山は「電卓を使えばよい。算数ができなくても人間としては変わらない」と答えた。額面どおり受けとると、真意を誤解する恐れがあるが、含蓄ある発言だった。

人間への根源的な関心

人間が長い歴史のなかで培い、真理を求めて生みだしてきた科学や芸術を遠山は愛しつづけた。学生時代からそれは一貫していた。自分自身が文化を所有することはもちろん、子どもたちに文化を手渡すことに心を砕いてきた。だからこそ、生活単元学習を批判して学問の系統性にこだわり、数学教育の現代化を先頭に立って進め、科学教育や芸術教育の重要性を機会あるごとに力説し、人間における全体性の回復を唱えつづけてきたのではないだろうか。

DoからBeへの重心の移動は遠山にとって大きな転換ではあるが、遠山の生涯を通し読むと、その転換は、変化どころか進化でもなく、深化ではないかと思えてならない。なぜなら、新たな知見が加わったというようなものではないからである。哲学や文学、天文学などに出会った高校時代から、ずっと深層に宿しつづけていた人間への根源的な関心が、障害児（教育）との遭遇によって揺さぶられ、「教育とは」「人間とは」という自問への自答としていっきに表出し、自覚化されたという気がしてならない。

遠山は、一九七三（昭和四十八）年から「ひと」運動へ没入していく（くわしくは11章に）。まるで青春を蘇らせ、謳歌しているかのように嬉々としていた。数学と教育の分野で多彩な活動をますます精力的に展開するのだが、その素地は、ドロップアウトを経験した、大学卒業までのまわり道の人生経験にあったと思われる。そのときに得た人間と文化への確信が、この後に展開する競争原理を徹底的に否定し、好奇心を最優先する教育運動の核心となった。

遠山は権力を嫌っていたが、といって、倫理的な使命感にとらわれて道を説くタイプではない。むしろ夢を追いつづけた人である。

第9章

競争原理・序列主義への挑戦

一九七〇年代（六十歳代）❷

家永教科書裁判が提起した「表現の自由」と「検閲の禁止」は国民的な課題であった。学問と教育の自由をどう考えるか。また、日本の教育を混迷に陥れている元凶「テスト—点数—序列主義—競争原理」という強固な連鎖をどう断ち切るか。序列主義を巧妙な思想教育と断じ、遠山は、教育と人間の序列化と選別化に立ちふさがろうとする。

1 教育における自由と統制

家永教科書裁判と杉本判決

一九七〇（昭和四十五）年七月、家永教科書裁判・第二次訴訟第一審の判決が東京地裁で下された。世にいう杉本判決である。それは文部省（当時）に大きな動揺を与える。

教科書裁判の第一審判決はいろいろの波紋をまき起こした。まず第一に、それは文部当局をはじめ、与党・自民党側に深刻な衝撃を与えた。田中（角栄）自民党幹事長は裁判官を「バカモン」と罵倒したし、文部省はいち早く、〟裁判によって、政策は少しも変更しない〟旨の通達を出した。しかし、一般の世論はおおむね、この判決に対して好意的態度をとった。ここ数年間における文教政策の強引な反動化に対して、一般国民の抱いていた危惧の念がその背景にあったためであろう。——「教科書裁判から何を学ぶか」1971

家永三郎が執筆した高校の教科書『新日本史』（三省堂）が、一九六二（昭和三十七）年に教科書検定に基づいて不合格処分を受けた（一九六三年は条件つき合格）。家永はそれを不服として国を相手に裁判を起こす。家永教科書裁判は第一次訴訟（提訴一九六五年）、第二次訴訟（提訴一九六七年）、第三次訴訟（提訴一九八四年）とあり、この第二次訴訟では、各編の扉「歴史をささえる人々」の記述や古事記・日本書紀、日ソ中立条約に関する記述が不適切とされ不合格処分を受けたことに対し、処分取消を求めた。

いずれの訴訟も、不合格処分をめぐって教科書検定制度そのものが憲法二十一条（表現の自由、検閲禁止）、二十三条（学問の自由）、二十六条（教育を受ける権利）などに違反していないかが争われた。重要な争点はこの検定が憲法二十一条二項の検閲に相当するか否かである。

訴訟にあたって、家永はつぎのような声明を発表している（部分）。

憲法・教育基本法をふみにじり、国民の意識から平和主義・民主主義の精神を摘みとろうとする現在の検定の実態に対し、あの悲惨な体験を経てきた日本人の一人としてもだまってこれをみのがすわけにはいきません。裁判所の公正なる判断によって、現行検定が教育行政の正当なわくを超えた違法の権力行使であることの明らかにされること、原告としての私の求めるところは、ただこの一点に尽きます。——家永三郎、一九六五年六月十二日

日本の裁判制度は第一審（地方裁判所）・控訴審（高等裁判所）・上告審（最高裁判所）の三審制だが、第二次訴訟・第一審の裁判長が杉本良吉（すぎもとりょうきち）であったことから通称「杉本判決」と呼ばれている。判決は、国民教育権論にもとづきながら、この検定は教育基本法（当時）十条（教育は、不当な支配に服することなく、国民全体に対し直接に責任を負って行れるべきものである）に違反すると認定し、同時に、検定制度そのものは違憲ではないが、本件の申し立てにある記述に適用されるかぎりにおいて違憲であるとし、「検定不合格処分を取り消す」という決定をくだした。

七万字を超える判決文の主旨を大胆に要約すると、おおむねつぎのようである。

• 現代では個人の尊厳が確立されており、人権が保障されなければならず、すべての子どもは生存的基本権（憲法二十五条）の文化的な側面として教育を受ける権利（同二十六条）、つまり学

習権が保障されなければならない。
・国は公教育として、親は親権を通じて、国民全体でこの学習権を充足させ、子どもを育成する責務を負う。しかし、国の権能はあくまでも諸条件の整備（教育基本法十条）であって、教育内容への介入は許されない。
・学校教育はおもに国民の信託を受けている教師によって行なわれるが、文化の継承と発展には真理教育が不可欠である。しかも教育と学問は不可分一体である。
・学問研究の自由（憲法二十三条）は研究にとどまらず、その成果を教授し発表することは表現の自由（同二十一条）として保障されなければならない。これは下級教育機関をも貫く。
それまで裁判において行政処分を違憲とする判決はほとんどなく、これは果敢な判決であった。また、裁判の過程で裁判所の文書提出命令などをとおして文部省の部外秘の関係文書を法廷に公開させ、検定の手続きや実態を明らかにした。

九十年にわたる迷信に亀裂

遠山はこの杉本判決をどのように受けとめ、運動につなげようとしていたのであろうか。

——杉本判決の内容そのものが、憲法の精神から論理的に導き出されるまことに堂々たるものであった。それは憲法を正面から否定するものでないかぎり、正面から抵抗し得ないほどのものであった。判決後、家永氏は〝この判決は九十年にわたる日本人の迷信に亀裂を生ぜしめた〟という意味のことを言われているが、それはまことにこの判決の意義を的確に要約したものであった。——「教科書裁判から何を学ぶか」

迷信とはなにか。それは、「子どもたちに教える教育内容はもっぱら政府が決め、それを国民に下ろす」という明治以来の根強い上意下達の伝統のことである。

しかし一方、国民の側、とくに教師の側の反響は意外に低調であった。たしかに民間教育運動に参加している教師たちは活発に反応した。（中略）この判決は（そうした教師たちに）自信と将来に対する希望を与えたようである。だが、民間教育運動から遠くはなれた地点にあって教育の仕事にたずさわっている多くの教師たちは、この判決で一種の戸惑いをさえ引き起こしたように思われる。〝九十年にわたる迷信〟はそれほど深く現場に浸透していたのである。——同前

遠山はこの裁判の意義を、簡潔につぎのようにいいきった。

教科書裁判は、その争点は明治以来の日本の教育行政であり、また、その背景となってい

る教育思想であった。つまり、裁かれたのは有形の物質ではなく、無形の思想であった。

――「杉本判決のなげかける問題」1971

アカデミック・フリーダム

この裁判は、「思想・学問の自由は日本国民のすべてにある」という問題を原告が提起し、それに裁判所が肯定的な解答を与えた。その意味がすぐれて大きいと、遠山はいう。

じつは新憲法が制定されて以来、その点に不明瞭な個所があり、それが二十年間、不問に付せられていたのである。つまり、高校までの年齢の子どもは物を考える力が発達していないので、思想の自由はないし、それを教える教師の側にも自己の信ずることを子どもに教える自由はない。換言すれば、高校までの教師と生徒にはアカデミック・フリーダムはない、というのである。ただ、アカデミック・フリーダムをもつのは大学の教師だけであるというのが、いわゆる大学の自治というものの基礎であった。

――「教科書裁判から何を学ぶか」

アカデミック・フリーダムは大学のみがもち、小学校から高校までの教師は真理の伝達者にすぎず、真理の創造者ではありえないというこの通念を、杉本判決は覆したのである。遠山は続ける。

これは明治以来、続いてきた思想習慣であった。しかし、大学の自治さえも決して法文化されたものではなく、一つの習慣に過ぎず、いわば一つの安全弁であり、権力によって恩恵的に与えられたものであったことが、今回（一九七〇年）の大学紛争によって明らかにされた。そして、これは学問と教育とを分断するための絶好の武器として作用したのであった。たとえば、日本学術会議は数年前まで教育問題は評議しないという申し合わせをしていたくらいである。この分断政策は学問と教育の双方を深く蝕んでいたのである。

それは新憲法制定以来の盲点であり、アイマイなまま隠されていたのであった。それを杉本判決は白日のもとにさらけ出したのであった。たしかに憲法の条文を読み直してみると、思想の自由には何の制限もつけられていない。

- 第十九条　思想及び良心の自由は、これを侵してはならない。
- 第二十一条　集会、結社及び言論、出版その他一切の表現の自由は、これを保障する。検閲は、これをしてはならない。通信の秘密は、これを侵してはならない。
- 第二十三条　学問の自由は、これを保障する。

これらの条文のどこにも年齢の制限はない、ということを銘記すべきであろう。つまり、これらは日本人のすべてに誕生の瞬間から通用するわけである。だとすると、小学校から高校までの生徒が使う教科書は自由に書かれるべきであり、それを政府の意志――たとえそれが〝教育的配慮〟という美名を冠していようと――によって変更されることは重大な憲法違反というべきである。――同前

「第二審・第三審の成り行きは予断を許さないが、杉本判決の論理そのものは憲法を改正しないかぎり否定することは困難」とも書いた。

当時、大学は世にいう「大学解体闘争」で騒然としていた。遠山は一九六七（昭和四十二）年から東京工大の理学部長（初代）をつとめていたが、学生が要求する団体交渉はいっさい拒否せずに応じていた。そのとき、学生たちが掲げた「学問の切り売り」批判に対して、遠山は「学問の切り売りは学問に精進してこそできること」と学生たちを諭し、頑として聞き入れなかったが、学生たちの「表現の自由」と「大学の自治」を基本とする運動自体には理解を示した。

最近はむしろ「産学官」による共同研究や開発が強調され、「大学の自治」などはあまり聞かなくなったが、戦前には滝川教授事件（一九三三年）や天皇機関説事件（一九三五年）が示すように、「自治」は大学の生命線で、大学は研究の自由を確保するために人事や施設管理に対する公権力の介入には注意深かった。警察は令状なしに大学の構内に入れなかった。家永も遠山もその流れをひきつぎ、体現していたし、一九七〇年前後までは学生自治会も自治にかかわる

問題には敏感に反応した。

教育における複合汚染

教科書には二つの壁がある。それは検定と採択である。遠山は『みんなのさんすう』をめぐる苦い経験から教科書制度のカラクリを知りつくしていた。

(杉本判決で) かりに検定の壁に亀裂が生じたにしても、採択という壁はまだ微動だにしていない。いわゆる広域採択によって生徒を毎日教える現場教師が自由意志によって教科書を選択する権利は奪いさられ、広域のボスの手ににぎられてしまっている。だから、文部省はこれらのボスの手を通じて〃好ましからぬ〃教科書を現実的に締め出すことができるのである。このことは自然、教科書会社の自己規制をよび起こすだろう。だから、杉本判決がいますぐに何かの現実的な効果を生むことは期待すべきではない。——同前

遠山の醒めた目はそう警戒しながら、この判決の意味を別のところに見ていた。

この判決の大きな意味は、有形なものではなく、むしろ無形のものにある。それは公害問題の与えた衝撃に似たものであった。われわれが何の疑いも持たずに吸っていた空気、飲

んでいた水、食べていた米が毒を含んでいたという事実の発見は国民の心のなかに〝すべてを疑ってかかれ〟という思考態度を生み出した。もちろん、それはきわめて微弱なものであるにしても、とにかく一つの新しいものが芽生えたのである。

杉本判決は子どもの心が吸っていた教育的空気、飲んでいた教育的水、食べていた教育的米が毒を含んでいるかもしれないという疑惑を国民のかなり広範な層のなかに芽生えさせたといえよう。それはたしかにまだ〝亀裂〟というのにふさわしいほどのものであるにせよ、それはとにかく生じたのである。——同前

遠山はこう語り、「国民の疑惑を批判的精神にまで高める方向に向かって奮闘すべきである」と力強く呼びかけた。

教師とはいかなる職業か

この杉本判決は「教師とはなにか」という問いをさしだしている。「教師は労働者である」というのがひとつの解答であるが、判決はさらに「ただし、いかなる労働者か」を正面から問題にすることを教師たちに要求していると、遠山は受けとめた。「教育権が時の政府ではなく、国民にあり、具体的にはその国民の意志を汲みとることのできる教師の手にあるとすれば、いかなる労働者かの部分が大きくクローズ・アップされざるをえなくなる」といい、「教師は労

働者である。しかし、教育研究をやらねばならない労働者である」とする。

遠山の主張は明解である。「教師は一般の労働者として工場労働者と共通の点をもつと同時に教育内容の〝創造者〟でなければならなくなった」と指摘し、「教師のつくりだしている（あるいは加工している）ものは、工場労働者が生みだす製品とは違い、資本家の所有に帰する〝物〟ではなく、自己の意志をもつ〝人間〟である」という従来からの主張をあらためて強調する。この本質的な違いを、遠山は一九五九（昭和三十四）年の時点で、すでにつぎのように指摘している。

> 教師の仕事は、ある点では本来の労働者よりは技術者に似ている。その仕事の内容が量よりは質ではかられることが多いからである。工場での技師の仕事は新しい生産方式の案出とか品質の向上とかいう質的な点に重点がおかれるが、教師も機械とは比較にならないくらい複雑な子どもの品質の向上に責任をもつ以上、さらに質的であり、この点では、むしろ、芸術家の仕事に近づいてくる。——「技術者としての教師」1959

真理教育とはなにか

杉本判決で「真理教育」という言葉がはじめて使われた。遠山はこれをキーワードに論述を展開していく。

とくに複雑な対立を内包している日本の社会で、真理とは何かを決定するための基準を探し出すことはひどく困難である。(中略)憲法と教育基本法をまっこうから否定し、ファシズムをめざす立場と、憲法と教育基本法にもとづく教育を進めていこうとする立場とのあいだには、共通の〝真理〟はもちろんあり得ない。──「杉本判決のなげかける問題」

この判決がでた当時、学習指導要領(一九六八年告示)によって、算数で「集合」が、社会科で「神話」が採り入れられていた。5章でも紹介したが、遠山はそれを「生徒たちが人間としての自由と権利に目覚めることは好ましくないが、生産力の一部としては優秀であってくれなくては困る」という教育政策が内包している矛盾を鮮やかに象徴していると見ていた。

それに対して、教育権が国民の側にあるという立場には、このような宿命的矛盾は存在しない。その立場からすれば、生徒たちの人間・社会・自然に対する知識が何の留保もつけることなしに無限に発達することを期待し得るのである。──同前

そのうえで、こうした教育を実現する労苦に満ちた困難も指摘する。

では、憲法と教育基本法を守る立場をとりさえすれば、いとも簡単に〝真理教育〟の具体的な内容が浮かび出てくるかというと、かならずしもそうは言えないだろう。（中略）教育の内容は学問・文化のあらゆる分野にまたがっているが、それらの異なる分野の知識から、生徒たちが自分自身の力でおのれの世界観を創り出していくことができるような、しっかりした足場を提供してやることは決してやさしいことではない。――同前

「教師は真理を教えるべきである、ということは明らかになったとしても、問題はなお残る」と遠山はいう。アカデミック・フリーダムを強調する背景をつぎのように書く。

それはその真理をだれが発見し、創造するかという問題である。教師は他人のつくり出した真理を生徒に伝達するという仕事だけをやっておればよいのか。つまり、教師は真理伝達者であるのか。それともさらに進んで、みずから真理を発見・創造する真理創造者でなければならないのか。――同前

「仮に家永裁判が勝訴し、検定がなくなり、採択が自由になり、憲法と教育基本法に基づく教科書が実現したとして、問題は解決するだろうか。教師の数だけの教科書が発行されることは不可能だから、既定の教科書に同意できない教師が信念に忠実な教育を進めていくには、自分

で教育内容をつくりだすほかに道はない」と、遠山は民間教育運動の側に対してもきびしい。そして、同時期に書かれたいくつもの原稿のなかで、年来の主張である「全教科の統一的観点」をつくりだす努力をあらためて力説する。

この第二次訴訟は上告審で差し戻され、一九八二(昭和五十七)年の差戻審(東京高裁)では「処分当時の学習指導要領がすでに改訂されているので、原告は処分取消を請求する利益を失った」として第一審を破棄し、訴えを却下した。第三次訴訟は上告審で「検定は合憲」とされたが、南京大虐殺などの事実が認められた。それを成果として家永教科書裁判は一九九七(平成九)年にすべて結審した。提訴以来、じつに三十二年におよぶ長期裁判であった(ただし、事実認定や憲法解釈の是非などをめぐって議論はいまなお続いている)。

教師の運動から国民の運動へ

ところで、遠山は第一次訴訟の控訴審に原告側証人として出廷し、一九七七(昭和五十二)年十一月七日に証言に立っている。

終わってから家永三郎さんにお礼を言われたが、お礼を言いたいのはこっちのほうだった。二十数年まえにつくった『みんなのさんすう』はそれこそ〝心血をそそいだ〟といってもいいほど力を入れてつくった教科書だった。この教科書がつぶされて、日本の子どもたちの手にとどけられなかった無念さはいまでも私の腹のなかでにえたぎっている。家永さんが訴訟をおこされたおかげで、つぶした当の国家権力の開いた法廷で、その無念さの何分の一かをはきだす機会があたえられたのだから。——「教科書裁判の証言を終えて」1978

一九五〇年代の生活単元学習批判以来、遠山はつねに「人間の側に立つ教育」をめざして教育運動の先頭に立ちつづけてきた。杉本判決にしても、遠山からすれば、新しい見解ではなく、自身の年来の主張と軌を一にしているにすぎない。しかし、法的な根拠を与えた意義は大きい。折しも社会科の学習指導要領に神話が登場したのが一九六八（昭和四十三）年、杉本判決はこの指導要領実施まぎわのことだった。それをとらえて遠山はいう。

戦前にくらべると、国民全体の知的水準は比較にならないくらい高まってきている。だから、今度のように露骨な神話の導入には強い抵抗が起こりうると思う。親たちははたして自分の子どもが神話をマルごと信ずるような人間に作られてしまうことを望んでいるかどうか疑わしい。そこに教師と親たちの話し合いの通路ができる可能性がある。最近、国語や算数では検定によらない教科書を使う教師がかなり広がっているが、そのためには父母の支持が絶対に必要な条件となっている。——「分断と統一」1970

「神話教科書の出現によって教育内容をめぐる闘争は新しい段階を迎えた。教育の枠をこえた国民全体の問題として運動を広げていく必要がある」と、遠山はあらためて呼びかける。

2　国家主義と序列主義

一九七二（昭和四十七）年に全国教研集会（甲府）の閉会式で遠山がおこなった特別報告「内と外の能力主義」は、教育運動が序列主義批判に向けて大きく前進するターニング・ポイントとなった。

このころの遠山の教育批判は、国家主義と序列主義という二本柱に着目しながら、競争原理批判へと焦点化されている。「序列主義と国家主義」（原題「国家主義と能力主義」1971）や「わかる授業の創造」（1971）などを書き、甲府での特別報告（講演録・1972）へとつながる。これらの論考を中心に遠山の主張を概観していこう。

明治以来、日本の教育を支配した序列主義

遠山の序列主義批判は、こんな教育観から始まる。

われわれ日本人はどうやら共通の心理的な弱点をもっているようだ。どこか高いところから大きな声で号令をかけられると、それをマルのみにしていっせいに同じ方向に走りだすという、集団的な条件反射を遺伝的にもっている。満州事変から敗戦にいたる十五年間の歴史がそれを示している。この弱点は、おそらく江戸幕府が三百年にわたってつちかってきた土台の上に、明治以来の教育が築きあげてきたものである。

——「序列主義と国家主義」1971(要約)

明治憲法の時代、就学は兵役・納税とともに国民の三大義務のひとつであった。兵隊にとられる、税金をとられる、学校にとられる——どれにも共通して「とられる」という言葉がつくと、遠山は揶揄(やゆ)していた。明治以来、脈々とひきつがれる「統治のための教育」という思想を、遠山は吟味する。

日本人をこの心理的な弱点からぬけださせないようにし、戦前のように統治しやすい国民にひきもどすためには、教育をもとどおりにしなければならない。そのために、ねばり強く、用心深い努力をつづけてきたのが、敗戦後の文教政策であった。教員の管理体制を強めるために勤務評定の制度をつくり、教育内容の国家統制を強化するために学習指導要領の拘束性をきびしくし、教科書検定を実質的には国定に等しいところまで厳格にした。その動きは国家主義と序列主義という二つのことばに要約することができよう。——同前

国家主義と序列主義の二つの関係性についてはつぎのように分析する。

今日ある「序列主義」は、明治以来、連綿として日本の教育を支配してきたといえる。「国家主義」と「序列主義」というものは二本の柱だが、この二本の柱は門の柱のように並んで立っているのではなく、「序列主義」という土台の上に「国家主義」という柱がのっかっているかたちの二重構造と考えたほうが真実に近いのではないか。

——「内と外の序列主義」1972(要約)

さらにこう解きあかす。——「序列をつける」ことは人間を統制する手段としては常套である。と同時に、きわめて手強い。政治をやる人間はいつでもこれを使うし、これをもっとも極端に利用しているのは軍隊である。

遠山は小学生のころ、「日本は一等国になった」という言葉をさんざん聞かされたという。そして、漱石の「三四郎」に「こんな顔をして、こんなに弱っていては、いくら日露戦争に勝って一等国になってもだめですね」という台詞があったのを思いだすという。

日本は、徳川時代の終わりに黒船が来て、はじめて西洋の文明に触れ、そこからかけ足で近代化の道をたどった。このときは、東洋の劣等生が西洋の優等生の仲間に入りたいという悲願のようなものが国家目的になっていた。そして、ひじょうにはやい速度でいちおうの近代化をなしとげた。この「一等国」という言葉は、自分の国をこうしたいというのではなく、あくまでヨーロッパの一等国を目標に、そこに追いつこうという比較あるいは競争が基礎になっている。この悲願が明治以来、ずっと日本の国を動かしてきた。——同前

こうして、日本はしだいに国家としての優等生になり、アジアのほかの国ぐにを「二等国」「三等国」と見下して軽蔑の対象にする。これが日本の軍国主義の大きな支えになったのではないかと、遠山はいう。

内なる序列主義

この序列主義にもとづく比較と蔑視と優等生志向は、当然ながら国家ばかりでなく、個人にもあてはめて拡大され、個人個人のものの考え方にも浸透していく。学校教育では優等生になることが目標とされ、成績順が強く子どもに吹きこまれるようになる。

本来の向上心が、他人との比較ではなく、真や善や美に対する自分自身の向上を問題にするのに対して、優等生志向はもっぱら他人との比較に基準をおく。しかも、向上心の判定は自分自身によってなされるが、優等生志向は教師や他人の判定に待つ。

――「序列主義と国家主義」(要約)

教育政策として進められる「外なる序列主義」に対して、われわれが無意識的に是認してしまっている序列主義を遠山は「内なる序列主義」と呼び、とくに教師たちに向かって「内面化している序列主義を精算しよう」と呼びかけた。「外なる序列主義」に抗していくためには「内なる序列主義」を乗り越えることが不可欠だからである。

「内なる序列主義」に支配されている教師は、けっして真の意味で子どもたちと結びつくことができないし、子どもたちの背後にいる父母たちと連帯することもできないだろう。なぜなら、子どもたちを序列化するためのテストになんの疑問も感じない教師は、子どもにとっては小管理者であり、小官僚にすぎないからである。

(一九七一年の)中教審の答申は日本の教育のうえに国家主義と序列主義という大きな網を打ってきたが、それを打ち破るには、教師だけの力ではとうていできそうもない。どうしても大多数の国民の力を集めなければ不可能であろう。そのためには教師を子どもや父母からひきはなす最大の障害物である「内なる序列主義」を精算する必要がある。「外なる序列主義」は「内なる序列主義」に助けられながらやってくるからである。——同前

序列主義に骨がらみの教師は優等生の平凡な答えに飛びつき、平板な授業に陥る。行きづまると、能力別指導に救いを求める。しかし、授業を創造するには、むしろ劣等生を主役にすべきである——そう遠山は教師に語りかける。

日本の教育から「内と外の序列主義」を追いだせば、子どもにとってはもちろん、教師にも父母にも「たのしい学校」になるというきわめてシンプルな、しかし、希望を呼びおこす呼びかけであった。

第三の差別

人間の社会では序列づけ、あるいは差別・選別がいろいろな形をとっておこなわれている。遠山はそれを大きく三つに大別する。一つに人種差別、二つに貧富の差別。そして近ごろは、第三の差別ともいうべきものが登場してきたという。

近ごろ、第三の差別ともいうべき新手の差別が登場してきたようだ。それは人間を「能力」と称するもので差別しようとする考え方で、しかも、その「能力」が学校の試験の点

数で定められるところに問題がある。
人間には早熟型もあり大器晩成型もあるはずだが、二十歳まえの一時期に受けた試験の成績で一生のみきわめをつけるなどもともと不可能である。人間の能力は複雑で多次元であるのに、それを点数という一次元のものさしで測ろうとするのはまったく乱暴な話である。

――「第三の差別」1970

新聞に寄稿されたこの主張には力がこもっていた。能力差別を人種・貧富につぐ「賢愚」の差別と呼び、「戦時中、体力検定というのがあったが、これはまるで脳力検定というべきもの」と揶揄した。

このころ、受験戦争が激化し、「乱塾時代」という言葉も生まれた。もう一方では学校ぎらいの子が急激に増えていた。そのおもな原因はひどい「つめこみ教育」と、頻繁におこなわれるテスト体制にあった。テストが教育の手段ではなく、目的そのものにまでのしあがっていく。

ところで、能力主義批判を能力否定論と短絡する向きがあり、遠山もそれを危惧していた。労働組合のいう「合理化反対」は、なにも合理化が悪いわけではなく、本来は「偽合理化反対」あるいは「エセ合理化反対」と呼ぶべきという例をあげながら、能力主義と序列主義をつぎのように整理する。

がんらい、「能力」ということばはたいへん広い意味をもったことばであるが、一方ではごく狭い意味にも使える。広い意味では「何かができる力」ということになるから、つかまえどころのない意味になる。しかし、一方では、「能力開発」などという熟語になると、「企業の金もうけに都合のいい能力」というごく狭い意味をもっている。

広い意味では教育が人間の能力をのばすということは正しい。だから問題は、そこにはなく、もっとべつのところにある。その能力を直線的に序列づける点が問題なのである。

序列づけのもとには比較という手続きがあるが、二つのものを比較するには、その二つのものが質的に同じでなければならない。三メートルの長さと五メートルの長さは質的に同じだから比較可能であり、長い・短いという序列がつけられえる。だが、三メートルの長さと五キログラムの重さは比較できないし、序列もつけられない。長さと重さとは質的にまるで異なったものだからである。

人間はひとりひとりがみな質的に異なった存在であり、したがって、比較不可能・序列不可能だと私は考えている。その不可能なこと、つまり、序列化をむりやりに行なおうとするやり方を、私は「序列主義」と名づけて、それに反対しているのである。

――「『能力主義』と『序列主義』」1976（要約）

遠山もそれまで「能力主義」という名称に疑問を感じつつもそれを使っていたが、「序列主義」のほうが的確であると、『競争原理を超えて』の出版を機に、以後あらためた。

テストのカラクリと独創性

テストは序列主義の元凶である。遠山によるテスト批判は明解である。テストには三つの特徴があるという。

❶—出題範囲が教科書の○ページから○ページまでと限定されている
❷—答案をかくのに時間制限がある
❸—満点が決まっていて減点法である

たとえば、算数の問題を十題だして、これを三十分以内にやれという。その根拠はなんなのか。なぜ一時間ではいけないのか。時間制限ひとつにしても、不思議といえば不思議である。しかもスピード競争に重点がおかれていて、まるでテレビでやっている連想ゲームの選手養成ではないかと疑いたくなるという。

たとえば、おとなのつくった芸術作品というものに時間制限はなかった。ある絵が早く描かれたからといって、その絵が立派であることには少しもならない。ゲーテの『ファウスト』は、彼が二十歳代のときから書きはじめて、死ぬまぎわに完成している。ゆっくり考える子どもには、いまの学校はたいへんぐあいが悪い。過去にひじょうに大き

な仕事をした人、たとえば、ダーウィンなどは学校では劣等生だったし、化学で周期律を発見したメンデレーフも、アインシュタインも、けっして優等生ではなかった。こういう人たちは頭の回転のはやい人ではなく、そのかわり、ものごとを徹底的に考える人だった。こういう子どもは、いまの日本の学校では、おそらく劣等生にならざるをえない。

――「内と外の序列主義」(要約)

先の三つの条件下で高い得点をとるのは、つぎのタイプの人間である。

❶―一定のワクのなかでの思考にたけている
❷―頭の回転がはやい
❸―誤りを犯さないだけの用心深さがある

しかし、これはみな、独創性とは無縁な性格である。遠山はそう指摘し、たしかにこのような能力を必要とする職業もあることを認めたうえで、それはクレバーな官僚だという。だから、「日本の学校は能吏を養成するのには適した学校だ」といい、「将来、ダーウィンとかアインシュタインとかに匹敵する人間が日本からでるとしたら、そういうワイズな人は優等生からではなくて、おそらく劣等生のなかからでるのではないか」と予想する。

遠山によると、「クレバーというのは頭の回転が速くて、抜け目がなくて、目から鼻へ抜ける。そのかわり少しばかりズルイ」「ワイズというのは賢人とか賢者とかいうときの賢さを意味している」という定義である。そして、「いま、さかんに英才教育ということがいわれ、日本の現在の教育はハイ・タレントとかエリートとかをめざして、もっぱらクレバーな人間を育てようと懸命になっているが、クレバーな人間だけでできている国は危ない。十年、二十年先を見通せる人間はワイズな人間である。しかし、日本の学校では、ワイズな子どもは育ちにくい」（「内と外の序列主義」）とくり返し警鐘を鳴らす。

競争心を刺激する教育法は、たしかに手っとり早く人間をふるい立たせる力をもっている。しかし、その半面、目標を他人におくために自分自身を見失うという欠陥をもっている。このやり方ではせいぜい二流以下の人物をつくるだけで、一流の人物をつくることはできない。なぜなら一流の人物は、他人など眼中におかず、事物そのものに目標をおく人たちだからである。——「競争原理にかわるもの」1975

人間はひとりひとりがみなちがっている。顔かたちがちがうように心の働き方もちがっており、また、発達のしかたもみなちがっている。宇宙のなかで人間ほど複雑で底知れぬものはない。人間というものの底知れなさ、測りがたさにたいする畏れの感情を失ったとき、その瞬間から教育は退廃と堕落への道を歩みはじめる。——同前

3　教育思想としての競争原理批判

競争原理と能力遺伝説

一九七〇年代は、従来の受験地獄に加えて中学浪人や登校拒否、青少年の非行や自殺が増加し、学校教育に端を発する多くの難問が噴出した。七〇年代の半ばになると、教育の混迷はますます深まり、授業ではクラスの三分の一がついていくだけで、半数から三分の二の子どもが落ちこぼれるという現実が生まれ、その傾向はいっそう顕著になる。

遠山はそうした教育状況を目の当たりにして、子どもが「落ちこぼれ」ているのではなく、教師の側の「落ちこぼし」であると断じ、テストの点数で子どもを選別するテスト体制にきびしい批判を展開した。遠山の言葉に「点眼鏡」というのがある。

点数をとおして人を見る眼鏡を「天眼鏡」ならぬ「点眼鏡」と呼んでいる。この点眼鏡こそがすべての教育を荒廃させている最大の眼鏡だといえる。教師の生徒を見る目を曇らせ、ゆがめる。生徒も教師には心の扉を閉じてしまう。もし教師がこの点眼鏡をはずして生徒

たちを眺めるなら、生徒たちの悩みの半分は消滅するだろう。——複数の発言から

遠山はいう。「問題が複雑にからみあっていて、どれが原因で、どれが結果であるのか見分けがつかなくなっているときは、ふりだしにもどって考えなおしてみることである。それは、そもそも学校はなんのためにつくられたかを問うことである」と。その問いに遠山自身は「すべての子どもを賢くて丈夫な人間に育てる。それが学校の本来の目的だ」と答える。

だが、一九七五（昭和五十）年十二月に自民党文教部会は「高等学校制度及び教育内容に関する改革案・中間まとめ」を発表（一九七五年十二月九日新聞報道）。そこからは、これまで必要悪とみなしてきた教育の混迷を、これからは必要善として肯定しようとする姿勢がうかがわれた。看過できない三つのポイントがあった。

❶—競争原理は人間の原理である
❷—教育は遺伝に勝てない
❸—高校に格差があるのは望ましい

遠山は即、批判を展開する。新聞につぎの原稿を寄せた。

——

「競争原理が人間の原理であり、遺伝によってある程度人間の能力に差がある以上、教育万能論は正しいとはいえない」（中間まとめにもりこまれた主張）。この短い文章のなかには見

> すごすことのできない二つの重要な主張がはっきりとうちだされている。それは学校教育における競争原理の積極的な肯定と教育に対する遺伝的要因の優越性である。
>
> 競争原理がはたしてすべての時代を超えて未来永劫にわたる人間の原理であったか、また、あるべきかどうかはすこぶる疑わしい。最近、そのことに対する疑問がさまざまな角度から提起されていると思う。だがしかし、現在の資本主義社会が「人間は人間に対して狼である」という格言のとおり優勝劣敗・弱肉強食の競争原理の支配する社会であることはたしかである。（中略）
>
> ただ、私がこの中間まとめに注目したのは、これまで教育政策として提起されていたにすぎなかったものが、いまやどうどうと教育思想としてうちだされてきたということである。このことは学校の外部にある資本主義社会の原理であった競争原理が校門を押し破って大手を振ってなだれこみ、学校をその支配下におくということを意味している。それはある意味で画期的な変化ともいえるだろう。――「教育思想としての競争原理」1975

「絶対的にすぐれている子どもなどいない。しかも、優劣が遺伝によって決まっているとしたら、それは宿命論にほかならない。だが、宿命論を否定するところから教育の営みははじまるのではなかったか」（「遺伝と教育」1976）。遠山の批判は怒りに近い。

万一、日本中の学校がこの中間まとめの主張どおりになったとしたら、最大の被害を受けるのは、いうまでもなく子どもたちであろう。授業に追いつけなくなって落ちこぼされた子どもができても、それはすべて遺伝のせいにされるだろう。「おまえは生まれつき頭が悪いから落ちこぼれたのだ。くやしかったら、そんな悪い頭をおまえに遺伝した父母に文句を言え」と申し渡されて追い返されてしまうだろう。
そうして、日本の子どもたちは、「自分は頭がいいから頭の悪い連中を支配する権利がある」とウヌボレる少数の子どもと、「おれは頭が悪いから何をやってもだめだ」と自分自身に見切りをつけて自信を失った多数の子どもとに二分されるだろう。そうなると、政治はすこぶるやりやすくなるだろう。なぜなら、自分自身に見切りをつけたあきらめのよい国民ほど統治するのにたやすい国民はないだろうからである。――「教育思想としての競争原理」

この新聞原稿も収録した著書『競争原理を超えて』(一九七六年一月発行)の制作中のこと。遠山は印刷直前のゲラを校正しながら、私の目の前で、文教部会の人たちをさす「最高に頭のいい人たち」という記述のまえに「さぞかし」と書きこんだあと、「点数評価は一元的な思考に追いこむ」という個所にあえて「思考統制は思想教育である」と加筆した。そのとき、ウンとうなずき、一瞬、顔に決意を秘めた緊張の表情が走った。遠山が序列主義を思想教育と断じた瞬間である。この本は発行後、文部行政の人びとにとっても必読の書とされた。

第10章

〃術・学・観〃の教育論

一九七〇年代（六十歳代）❸

子どもこそ教育の主人公である。だが、自立は素手ではできない。学問や文化を基礎とし、自己の力でみずからの人生観・世界観を形成できる人間を育てるために、教育の内容と方法をどう組み立てるか。「すべての子どもを丈夫で賢い人間に」をスローガンに、遠山は数学教育と学校教育全体における大きなフレームを提唱する。文化を継承し創造していく、人間のための教育論である。

1　たのしい算数・数学

「できる」「わかる」から「たのしい」へ

一九七〇年代、遠山は教育全般への競争原理批判を強めながら、数学教育においては運動の力点を「たのしさ」へと移していった。「たのしい算数・数学」「たのしい授業」の開発である。

水道方式の創出以来、遠山たち数教協は「できる」「わかる」をスローガンに掲げてきた。しかし、「できる」も「わかる」も理解に重点があり、そこにとどまるかぎり、理解の度合いによって「できる／できない」「わかる／わからない」を両端とする順序が生まれ、序列主義に加担しかねないともいえるからだ。その点、「たのしい」は、好奇心を揺さぶられた結果であって、「好き／嫌い」の濃淡は生まれても、序列とは無縁である。この重点の移動は、だから、「たのしくわかる」「わかるたのしさ」への発展といえるだろう。

契機となったのは、一九七一（昭和四十六）年八月に遠山が中心となって実施した「八ヶ岳算数教室」（ほるぷ主催）である。小学校五・六年生が対象で、「五段階相対評価で算数の成績が三以下」が条件であった。十五人の子どもが参加し、明星学園の寮で三泊四日の合宿をおこなった。

このとき、キャラメルの空箱を使った「数あてゲーム」による方程式（箱の代数）の授業を試みたところ、おたがいに問題をだしあう試合形式に、子どもたちがとんでもなく活発な反応を示したのである。これが遠山にとっての「たのしい授業」の発見であり、その後、つぎつぎと考案されることになる「ゲームの算数・数学」の走りである。のちに遠山は、「あの箱の代数は、子どもどうしで試合をさせてこちらは一服しようという、じつは手ぬきから生まれたんだよ」と笑っていた。

水道方式は、「分析と総合」「一般と特殊」といった科学の方法論を基礎にすえ、「量の理論」

「構造」「アルゴリズム」といった数学の背景をもつものだが、水道方式そのものはあくまでも計算（スキル）練習の体系にすぎない。

もちろん、計算の意味やしくみがわかり、それに習熟することが基礎学力として重要であることはいうまでもないが、スキル以上に遠山は、数学そのもののたのしさを「たのしく教える」授業プランづくりに心を砕きはじめたのである。

ゲームの算数・数学

「たのしい授業」として遠山が力説したのは「ゲームの算数・数学」である。一九七一（昭和四十六）年から四、五年のあいだに、数教協の会員を中心にして「空き箱の代数」をはじめ、数十種のゲームによる実践が開発される。その授業づくりで強調されたのは「実験をとり入れる」「教具を開発する」「ゲーム化する」という三つの視点である。

「ゲームの算数・数学」の教育的意義について遠山は、従来の「儀式的授業観」を打ち破るものであるとし、つぎのように書く。

ゲームそのものを頭から否定する人も多い。むしろ、そういう人が圧倒的多数を占めるだろう。〝ゲームは授業を茶化すものだ〟という批判がある。たしかにそれは、「授業＝儀式」という長いあいだの通念と衝突する。ゲームをやらせると、教室は騒然となって、隣の教室から抗議を申し込まれる。それはいちおう困ったことであるが、（中略）この困ったことのなかに、じつはゲームのもつ〝革命的な〟意義があるのだ。これは旧来の「授業＝儀式」という定式を打ち破る点でまさにそうなのである。――「数学教育とゲーム」1975

これまでの数学教育は、子どもをもっぱら受身の解答者の位置に追いこんできた。（中略）子どもはいちども出題者の立場に立たされたことはなかった。

はじめて子どもに空箱のゲームをやらせたとき、こちらがびっくりするほど彼らは湧き立ったが、それはゲームそのもののおもしろさのほかに、自分たちが生まれてはじめて、解答者から出題者の立場に移った喜びがあったといえよう。換言すれば、それは自分が先生と同じ立場に立った意外さであった。

解答者にとって出題者は自分には未知の、しかも、意のままにならない他者であり、そこに緊迫感が生まれてくる。（中略）空箱の中身を出題者は知っていることが、挑発的なのである。それは教科書に印刷された、$x+3=8$、もしくは、$\square+3=8$と〝数学的〟にはまったく同じである。しかし、〝数学教育的〟には雲泥の差がある。子どもにとってxや$\square$はたんなる記号や図形にすぎず、そのなかに数が入っているかどうかの保証さえないのであるが、空箱は人間の顔をして、「さあ、当ててみろ」と問いかけてくるのである。このちがいをこれまでの数学教育は見逃していたのであった。――同前こうした「ゲームの算数・数学」論に対しては、「無味乾燥な計算練習を数学そのものの楽しさではなく、甘いオブラートに包んだにすぎない」という批判もでたが、遊戯化と数学それ自身のおもしろさは糖衣と薬のように別物ではなく、一つの連続体なのだと遠山は反論する。「数学には、どうしても習熟しなければならない基礎力があって、それは頭で理解するだけでなく、体得しなければならないものであるが、ゲームはそれをたやすくする」といい、「むしろ、大きな見方からすれば、数学という学問そのものが全世界の数学者の参加する大きなゲームであるといえなくもない。だれかが問題を出し、だれかが答えるという形で研究が進んでいく。カルダノの三次方程式の解法も、ヒルベルトの提出した二十三の問題も大きな数学試合といえる」（同前）と述べている。

学びと遊び

「遊びのない学びはない。また、学びのない遊びもない」——そう遠山はいう。

学びと遊びが、なぜおもしろいか。「それは自分の思考や行動を発揮する余地が何ほどかあるからである。その点ではスポーツと同じである」という。

スポーツにはルールがあり、これは自由を拘束し、自由の前に立ちふさがる壁である。この壁と自由との闘争のなかから緊張した喜びが生まれる。

学びにも同じものがある。スポーツやゲームにおけるルールに相当するものは客観的な真理であり、これは動かすべからざる他者として研究者の前に立ちはだかる。そこに闘争がおこる。スポーツやゲームのルールは人間の定めたものとすれば、学問における真理は造物主の定めたものである、といえるだろう。

ルールや真理による制限のなかで最大限の自由を発揮しようと懸命になるところに深味のある、どこまでも深まっていくおもしろさが湧いてくるのである。その点では学びと遊びはまったく同一のものであり、区別することができない。だから、学びのために遊びをやるのか、遊びのために学びをやるのかというせんさくは、私の見方からすれば無意味である。なぜなら、それはもともと同一物だからである。——同前

根づよい〝楽しさ〟へのためらい

「たのしい授業」をリードするなかで、遠山は「授業は楽しいだけでよい」とまで発言するようになる。この発言に対して、「楽しいだけでよいのか」という反論も起きた。遠山はこう説明する。

「〝楽しいだけ〟の〝だけ〟という言葉のなかに、すでに〝楽しさ〟への軽蔑・不安・自信のなさが含まれていないだろうか。楽しくない授業をおとなしく聞くことを生徒に強制するとき、

その強制力の源泉はどこにあるのか」と問いかけ、「多くの教師はそれを強制する絶対の権力を天から授かっていると信じて疑わないのだが、よく考えてみると、それは根拠のないものにすぎない」とする。

子どもに、これだけのことは覚えねばならないギリギリの線を教えているのだ、ということを本当に確信して教えている教師が何人いるだろうか。この点を意地悪く追及されたら、「指導要領にそう決めてあるから」というところに逃げ込まざるを得ないのではないか。また、さらに突っこんで、「きみはだれの許しを得て、高い教壇の上に立っているのか」と質問されたら、「教育委員会から辞令をもらったから」とか、「文部大臣に任命されたから」と答えるほかはないだろう。

その限りにおいて、彼は〝反面教師〟ならぬ〝半分教師〟にすぎない。なぜなら、彼はまだ生徒たちから辞令をもらっていないからである。その〝半分教師〟が一人前になるには生徒たちの満足する楽しい授業をやっていくほかはない。——「たのしい授業の創造」1977

次章で紹介する「ひと」運動のなかで、遠山は母親たちに向かって「あなたたちは子どもを育てた。数も言葉も教えた。教育委員会からも文部省からも免許はもらっていないが、教育の専門家だ」と励ましつづけた。子どもの側に立つ教育の営みにプロの特権は通用しないというスタンスは、つねにはっきりしている。

〝楽しさ〟への不安やためらいがどうしてこうも根深く教師の心のなかに沈澱しているのだろうか。おそらく、最大の原因は彼自身が子どものときから成人するまで、楽しい授業をいちども受けたことがなかったからであろう。だから、心のいちばん深い奥底では、「楽しい授業だって？　ふん、そんなものがあるはずがない」という声がいつも聞こえてくるのだろう。おいしいご馳走を目の前にしたとき、だれも〝おいしいだけでいいのか〟などと言いはしない。そんな余計な疑問は抜きにして、まずハシをとるだろう。——同前

生活単元学習批判以来、教科教育の系統性にこだわってきた遠山を知るものには、驚くほどの変化である。「興味は利用すべきものであって、それ自身を目的にすべきではない」（「生活単元学習と科学的精神」1953）と生活単元学習をまっこうから批判していた二十数年まえの主張とくらべると、真逆である。そのため、当時、こうした発言をとらえて批判もあった。

運動家としての遠山は、論点を明確にするために、スローガンにおいては枝葉を大胆に切り捨てる。時代や教育の状況によってなにを強調するかに違いもある。そのために矛盾と見えるときがあるが、しかし書きのこした原稿を通し読むと、その人間観は終始一貫している。

数学から数楽へ

遠山は晩年、数学を「数楽」（スウガク・スウラク）と呼んだ。みずからを「数楽者」とシャレてもいた。「楽」は楽しみを目的とした数や図形の探究という意味であり、その観点から楽しい授業が生まれ、実践された。生徒たちが笑顔を見せ、歓声があがったら、それは生徒にも、教師にもかえがたい喜びではないのか。そのような「利益」を当てこんで楽しい授業をやることが「生徒におもねる」ことであるとすれば、おもねることはなんとすばらしいことか——そのような逆説さえ唱えた。

遠山が「数楽」を語るとき、そのようすは嬉々としていた。

〝楽〟（ラク）という観点から眺め直すと、数学は予想外におもしろくて楽しいものである。それは〝自分の頭で考えていく〟おもしろさである。

人間はもともと考えることを好む動物である。たとえば、碁や将棋の好きな人が何千万人といることはそのことを証拠立てている。だが、一口で〝おもしろさ〟といってもいろいろある。いつもニコニコ笑っているようなおもしろさもあるし、もっと複雑な奥行きの深いおもしろさもある。苦しさを償ってあまりあるおもしろさもある。それは、やはり〝自分で考える〟おもしろさである。

重い荷物をかついで谷間を歩くのは苦しいが、頂上にたどりついて、すばらしい眺望をわがものとする大きな喜びが前途にある。そのような喜びをベートーベンは、〝苦しみを通じての喜び〟――Durch Leiden Freudeとよんだのであろう。

数楽の楽しさやおもしろさも一通りではなく、千差万別である。一時間で楽しめるようなものもあれば、十時間つづく長編小説的なものもある。だから、その途中では退屈になることもあろう。そういうとき、その退屈さを我慢させるにたる未来の楽しみがあれば、それは全体として数楽とよんでいいだろう。――「数楽への招待」1976（要約）

数学教育のバイパス道

一九七〇年代、文部省が主導する伝統的な数学教育の体系は、すでに大量の脱落者をつくりだしていた。とくに一九七五（昭和五十）年には高校進学率が九〇パーセントを超え、量的な「大衆化」と、質的には差別的な「多様化」がもたらされ、多くの高校で授業が成り立たない状況が生まれていた。「その主要な原因は、不要な知識を多量に教えこむ〝つめこみ教育〟と、じゅうぶんな時間をかけて教えるべき教材を短時間ですませる〝せきたて教育〟にある」と遠山は断言した。遠山が「数楽」を提唱した目的はもちろん数学自体を楽しむことであったが、これ以降、とくに脱落を余儀なくされた高校生たちを念頭に、もう一度やる気を起こさせる「バイパス」教材の開発が始まる。

ありきたりの道路は渋滞していて、後ろのほうにいる車は、もう走る意欲を失っている。そこで、新しいバイパスを開発してやる必要がある。そのようなバイパスを通って、ありきたりの道路を走っている車の先に出られるようにして、テスト体制によって強固につくり上げられた序列主義を打ちこわしてやるのである。

そのバイパスは、すでにつくられた序列とは無関係に、優等生も劣等生も同じスタートラインに並ぶことができるようなものでなければならない。また、それは楽しく快適なものでなければならない。生徒ばかりか、教師が楽しめることが不可欠の条件である。だから、その楽しみは〝共楽〟である。教師がイヤイヤながらやっては、せっかくの数楽も〝数が苦〟になってしまうだろう。——「数楽への招待」(要約)

このころ「分数のたし算さえできない高校生がいる」ということが社会問題になったが、遠山は高校教師に向かってバイパスづくりを積極的に勧めた。小学校の教科書からやり直させるような方法は自尊心を傷つけるので、そうではなく、小学校ではやらなかった新鮮な教材をぶつけてみることで、生徒たちにやる気を起こさせることができるだろうと提案した。

数学は系統的な学問ではあるが、けっして単線の一本道ではなく、もっと融通のきく複線道路になっている。そういう道路を開拓してやる必要があるし、また、それは十分可能なことである。――「バイパスのすすめ」1977

水道方式の創出以来、数学教育における一貫カリキュラムを掲げ、その構築に取り組んできた遠山の仕事に、教師たちはおおいに共感しながらも、受験体制と学習指導要領の壁は厚く、その狭間で実践を思うように進められないというのが現実であった。

そこで、「競争原理・序列主義批判」「ゲームの算数・数学」「たのしい授業」を同時にふくみこむものとして提唱されたのが、「数学教育のバイパスをつくろう」というスローガンである。「数楽」も「バイパス」も遠山の造語であるが、閉塞を打開し、展望をひらくキーワードでもあった。もちろん、主幹道路における一貫カリキュラムの主張に変わりはない。

2 数学教育の二つの柱

二つの柱――微分積分と整数論

遠山は「数学教育のバイパス」を唱える一方で、とくに高校を念頭において「数学教育の二つの柱」(1978)という論文を発表する。数学という広大な学問を背景とする教育の内容を、どう選択し、どう整理し、どう体系化するか。遠山が大ナタをふるった、数学論をかねた数学教材論で、これからの数学教育を展望する基礎的なフレームの提唱といえるだろう。亡くなる一年ほどまえに書かれたものである。

その選択の柱として、遠山は「分離的」(デジタル)と「連続的」(アナログ)という二本の柱を提起する。この二つの側面は人間の思考様式に根源をもっていて、その差異は原理的なものであり、「数学のなかでデジタル的とアナログ的な対立のもっとも鮮明なものを選びだせといわれれば、それはもちろん整数論と微分積分学であろう」という。

微分積分学の創造者はニュートンである。彼は自然探究の強力な手段としての微分積分を創りだし、それを駆使してコペルニクス以来の課題であった太陽系の運動の探究に終止符を打った。彼の眼は、長い生涯のあいだ、一貫して外なる自然、広大な宇宙に向けられていた。一方、整数論の体系化をなしとげたのはガウスである。ガウスは小惑星ケレスの軌道決定や磁気の研究などでも第一級の研究をしとげたが、「数学の女王は整数論である」ということばのとおり、彼がもっとも愛したのは、なんといっても整数論であった。

人間の思考活動がデジタル型とアナログ型の双方の機能をあわせもっている以上、数学教育もデジタル型の整数論とアナログ型の微分積分学を二つの柱として組み立てていくべきである。——「数学教育の二つの柱」1978(要約)

遠山によると、量の体系はアナログ型の初期段階をめざすもので、微分積分を念頭に、とくに力学と関連させて中学校や高校の理科などのより高度な量へ延長していけば、アナログ型数学の具体化を意味する。また、水道方式はデジタル型の出発点であって、この方向に「おもしろさ」や「たのしさ」の観点をとり入れると、整数論を中心とするデジタル型数学となるという。

整数論のたのしさ

つぎに、整数論と微分積分の教育について、遠山の具体的な構想を概観する。

> 微分積分は力学の手段としてつくりだされ、その後も電磁気学など自然探究の手段として発展させられてきた。それは外向的で、自然や実在に向かって開いている。
> これに対して整数論は内向的であり、数そのものへの興味を起動力としていて、この法則の根源は自然のなかには発見できそうにはない。実在から抽象の壁で隔てられた整数という世界のなかにしか、その根源は見いだせないのである。——同前

たしかに整数論には実用的な価値はほとんどない。数教協も数の導入については理論も授業

プランも開発したが、数そのものについての興味を育てていこうという考えは皆無であった。しかし、教育に「おもしろさ」や「たのしさ」は不可欠とする教育観からすれば、整数論は見直される必要があると主張する。

遠山は「整数論のなかには思いがけないほど深く、ほとんど神秘的といってよいほど美しい、さまざまな法則が潜んでいる。それはすばらしくおもしろく、子どもも大人も夢中にさせる」(『初等整数論』はしがき・1972)と、整数論の隠しもつ魅力を語る。

あらゆる学問のなかで数学はもっとも演繹的な学問である。それはいえる。しかし、演繹だけから成り立っているわけではない。未知の領域に分け入って新しい探求を進めていくには、他の科学と同じ帰納の方法が用いられる。

そういう観点からすると、これまでの数学教育は演繹に偏って、帰納という重要な段階を軽視してきた。たとえば、三角形の内角の和の定理を証明するまえに、実験・実測を重視して、それを紙に書いて分度器で測っても、測定誤差が生まれ、むしろ定理そのものへの疑惑が生まれてしまうからである。連続量をあつかう幾何にはつきものの困難である。

ところが、分離量をあつかう整数論には、そのような困難はない。たとえば、二つの整数a、bについて成り立つ

(aとbの最大公約数)×(aとbの最小公倍数)=ab

という定理についても、教師が教えるまえに数多くの実例にあたり、生徒みずからにこの定理を発見させ、証明に移るという方法がとれる。手段は整数の四則計算だけである。このとき、

①実験　②法則の発見　③法則の証明　④証明された法則の適用

という帰納から演繹までの一貫したプロセスをたどることができるのである。

——「整数論のすすめ」1969（要約）

整数論は数学的アイデアの宝庫であり、なおかつ、とくに初等整数論は事前の知識をほとんど必要としないので親しみやすいし、勉強するにあたって年齢のハンディキャップがないことに、遠山は着目していた。そこで、その授業化を提案する。もちろん、自学自習の教材としても薦めている。

「散発的なものなら、数あてゲーム・虫食い算・魔法陣などを小学校の一年生からとりいれられるし、本格的には小学校五年生ごろに互除法をやらせることから整数論を導入することもできる。そこから中学・高校へと進んでいけるだろう」といい、「整数論はバイパスとして最適な教材」と力をいれる。また、当時、「電卓亡国論」を主張する向きもあったが、遠山は「数学教育から電卓を排斥するのは、理科教育から顕微鏡や望遠鏡を締め出すのと同列」といい、「数計算の理解と習熟がなされた後では、電卓の使用を禁止すべきではなく、むしろ積極的に

使用すべき」と反論した（「数学教育の二つの柱」）。

微分積分と力学

もうひとつの柱は微分積分である。

遠山は「すべての人に微分積分を」が持論なので、学習指導要領による高校数学の到達点が微分積分であることに異論はなかったが、その内容と方法には疑問を呈した。「こんな複雑な計算をなんのためにやらされるのか、わからない」という高校生たちの疑問をもっともだとする。微分積分の重要性については、この本でも随所でふれているが、簡潔にいえば、そもそも微分積分は自然探究の手段として発明されたものであるのに、その重要なことが忘れられ、高校数学の現状は「つぎの関数を微分せよ」式の計算練習ばかりとなっていたからである。

そうした目的喪失の授業から脱出するには、微分積分に現実的な基盤をとりもどすこと、つまり力学との連関性を回復することであるといい、「微分積分＋力学」教材の開発をみずから進めた。

力学の諸原理は、手で触れ、目で見、耳で聞くことによって確かめうるもので、小学校・中学校・高校の生徒にとって理解しやすいものである。少なくとも定性的には子どもの感覚や日常体験から理解できるものであり、それを定量的なものにするために、数学、とく

に微分積分が必要になってくるのである。

静力学のなかで重要な重心の概念は幾何学と密接なかかわりをもち、重心は数学に広い展望を与える。たとえば、チェバの定理などは重心を考えることで自明のものとなる。

動力学は微分積分の威力が最高度に発揮される分野であり、微分方程式（運動方程式）を解くことによって惑星の運動が解明されていく過程を生徒たちに学ばせることができたら、「なんのためにこんな複雑な計算をするのか」という生徒たちの疑問はおおむね解消するのではないか。――同前

このように「微分積分学＋力学」をひとつの柱と考える立場から、遠山の批判は、学年ごとにくり返しが多い教科書の構成のまずさ、いわゆる「スパイラル方式」に向けられる。また、運動量とエネルギーが中学・高校の教科書でどう扱われているかを検討してみると、学問上の発展からみて、それぞれが登場する順序もおかしいし、同一平面上を回転するだけで上昇せず、スパイラルにさえなっていないと酷評する。

最晩年には遠山塾（軽井沢の別荘にて）で中学・高校生を相手に「微分積分＋力学」の授業を試み、明星学園を舞台に遠藤豊らと、この教材づくりにかなりのエネルギーを傾けていた。

3　教育の未来像

一九七〇年代は、教育を考察する大型の講演が続く。

「数学の未来像」(東京工大での最終講義。前半＝数学論、後半＝教育論。一九七〇〈昭和四十五〉年)

「内と外の能力主義」(甲府教研、一九七二年)

「楽しい学校をつくろう」(数教協全国大会、一九七二年)

「原点に立ち返って未来を展望しよう」(数教協全国大会、一九七五年)

「競争と遺伝を優先する教育思想との闘い」(障害者の教育権を実現する会、一九七六年)

人間は未熟児として生まれる

このころから遠山は教育の本質を、人間という生物固有の特徴から説きおこすようになる。ほかの哺乳類とくらべて、人間は格段に長い幼児期をもっている、つまり、人間の子どもは未熟児として産み落とされ、自立するまでに十数年を必要とするという事実のなかに、教育の必要性と可能性が潜んでいる――という教育思想である。

長い未熟児の期間に、子どもたちはゆっくりと時間をかけて、まえの世代までにたくわえられた文化・知識・技術を身につけ、さらにそれを改変していく。おとなたちは、それを援助しなければならない。それが教育というしごとである。それは両親・血族、さらに広くいって人間の社会全体のしごとである。そのような広い意味の教育活動の一環として学校教育が生まれてきた。——「私の教育観」1979

人間は前世代からの遺産を継承するだけでなく、それを足場として発展させることができる。しかし、それは同時に、まちがった教育を受けるとほかの哺乳類以下の動物になってしまう危険をはらむ。この事実のなかに教育という仕事の「すばらしさ」と「恐ろしさ」が背中あわせに同居している——そう遠山はいう。

放任教育については、「子どもは大人の社会のなかで生活している以上、教えるつもりではなくても、子どもが大人の行動や思想を模倣することを禁止することはできない。放任教育などというものは、もともと存在しえない」(同前)と、それを除外する。

自立した人間を育てる

今日では、学校教育が教育のすべてであるかのような考え方が支配的になっているが、子どもが学校のなかにいるのは、平日の数時間にすぎず、残りは家庭と社会のなかで生活している。だから、学校教育は家庭教育や社会教育とならんで教育全体のごく一部を占めるにすぎない。そのようなものとしての学校教育は、いかにあるべきかを考えねばならない。

——同前(要約)

学校教育は万能ではない。もちろん、教育のすべての責任を負うところでもない。明治以来、日本は教育を学校に依存してきたが、遠山はその特質と役割を整理し、あるべき教育像を構想する。

序列主義の根底には、人間は人間どうしの競争によって、また、それによってのみ努力し、発展するという人間観が横たわっている。しかし、この人間観は誤りである。これまでに人類が生みだした最高のものは、競争心などという卑小な動機によって創りだされたのではない。それらは〝真〟〝善〟〝美〟に対する人間本来の願望から生みだされたものである。教育は百科事典に二本の足をつけたような(多量の知識をつめこんだ)人間をつくることをめざすべきではない。自分自身の力で自己の世界観・人生観をつくりあげ、自己の意志によって自己の人生目標を設定し、そのことに責任をもてる人間、つまり、自立した人間をつくることが教育の、そして、もちろん、学校教育の目標でなければならない。

——同前

未来の学校

ところで、遠山にはユニークな未来の学校論がある。ひとつは「自動車学校型と劇場型」、もうひとつは「見える学校・見えない学校」である。

*自動車学校型と劇場型の学校

学校は将来、自動車学校型と劇場型の二つのタイプになっていくべきではないか。

自動車学校型は目的がはっきりしていて、一定の技術水準をマスターすれば、すぐに出してくれる。結果は合格と不合格しかない。成績順もなければ、年限も年齢制限もない。名門とか学閥とかもない。今後、社会がこの種の学校を数多く必要とするだろう。たとえば、人間の生命を預かる医者、ジェット機のパイロット、原子炉の技師などを養成するには、こうした性質の学校が最適である。

もうひとつは劇場型だ。これはなによりもまず楽しむため、あるいは人間や社会についての広い見方を学ぶためのものだ。だれでも自由に入れて、年齢制限もない。三十歳になって源氏物語を読みたい、四十歳になって微分積分をやりたい、そういう人がいつでも自由自在に出入りできるようにしておく。もちろん、卒業証書などはないほうがよい。

——「〝競争〟やめて〝多様化〟を」1977（要約）

視点を変えて、つぎのようにも提案する。

＊見える学校・見えない学校

小学校から大学までの学校体系は、さながら知識という商品を並べている一大百貨店に似ている。とはいえ、百貨店なら、ほしい品を扱っている売り場にいけば用はすむが、学校はそうはいかない。たとえば、大学で源氏物語を教えてもらいたかったら、まず微積分・英語・化学などの入学試験をパスして、何年かたたないと、チャンスはめぐってこない。この「抱きあわせ」ともいうべき体制の弊害は大きい。子どもの創造力や意欲をすり減らす結果になる。

その弊害をなくすには、本居宣長の「鈴の屋」のような個性ある小さな塾をたくさんつくることである。開きたくなったら、いつでも、どこででも開く。会議室でも談話室でもかまわない。内容も多種多様。学びたい人と教えたい人が自由に開く。

既成の「見える学校」に対して、こちらを「見えない学校」と呼ぼう。「見えない学校」には点とり競争も卒業証書もない。途中入学も途中退学も自由である。文学や数学など、むしろこちらのほうがふさわしい学科も少なくない。

学校廃止論は論外で、「見える学校」と「見えない学校」が共存することになるが、それ

がいちばん望ましい。——複数の著述から

「教育、即、学校教育ではない」——遠山の立場ははっきりしている。劇場型学校も、見えない学校も、遠山には吉田松陰の松下村塾やプラトンのアカデミーが念頭にあった。ややおどけをふくめながら書いているが、じつは真剣である。

「術・学・観」と自己形成

自立した人間を育てることが教育の目標だとしても、自立は素手ではできない。自立しうるには肉体的・精神的な力量を必要とする。そのためには何を教えればいいのか。つまり、「教育内容をどうするか」が重要な課題になると遠山はいい、「術・学・観」という観点を掲げ、体系化を提案する。教育内容の集約化と総合化である。

個別の教科において多くの知識を羅列的に並べるのではなく、知識体系の重要な結節点にあたる少数の原理を選びだし、各教科の内部で知識を有機的に統一して集約化する。さらに、そこにとどまらず、教科の枠をこえて全教科を緊密に一体化させる、つまり、総合化する。そうした構想であった。

この構想が最初に提案されたのは一九七二（昭和四十七）年に催された数教協の全国大会（湯田中）での全体講演「楽しい学校をつくろう」である。その後、さまざまな機会にくり返し書き、話した。そのエッセンスをまとめてみる(「私の教育観」などから)。

❶—術

人間が生物の基盤として体得すべきもの。歩行をはじめとして身体や手足の合理的な使い方、母国語の習得、体育・技術・図工の練習などがふくまれる。学問の土台にも反復練習がある。ここでは感覚の鋭敏さ、神経の機敏さ、筋肉の強靭さが大きな役割を演ずる。「術」とは技術・柔術などというときの「術」で、理屈よりも体得すべきものであり、一個の人間として自立しうるために欠くことのできない基盤である。いま、この「術」の部分がいちじるしく衰弱している。

❷—学

学問の「学」であり、科学の「学」であり、人類が蓄積してきた広く文化遺産といわれているもののことである。国語・数学・理科・社会……などの教科にあたる。この部分はいま、連関性をもたないまま過大になっている。そこで、大ナタをふるって厳選する必要がある。たとえば、科学は真実の一側面をきりもみ式に探究することを使命としているが、教科・分野の孤立化を解消し、文化遺産・知識体系のなかの少数の結節点にあたるものを選びだし、十分な時間をかけてそれを集中的に学ばせるようにすべきである。

❸—観

「観」とは世界観・人生観・歴史観などというときの「観」であり、全体をみわたす広い統一的・総合的な展望であり、すでに獲得した諸々の知識や技術を統一しうる力のことである。これまでの学校教育に欠落していた分野である。ただし、戦前戦中の修身のような「〝観〟の注入教育」はいかなる立場のものでも排除すべきで、自己形成という条件こそが「観」の教育にとって絶対不可欠の条件となる。

遠山が比喩や造語の名人であったことは有名だが、この「術・学・観」においても、それを建物の構造にたとえて伝えた。

教育内容という大きな建物のなかで、「術」は土台に、「学」は柱に、「観」は屋根に相当する。土台にあたる「術」は地中深く隠れているが、この部分が脆弱であると、建物全体が傾いたり亀裂を生じたりする。柱にあたる「学」はそれだけでは孤立して立っていて、おたがいの連関がほとんどない。その上にひとつの屋根に相当する「観」がのって、それらを結びつけ、統一する必要がある。——「序列主義の克服」1972（要約）

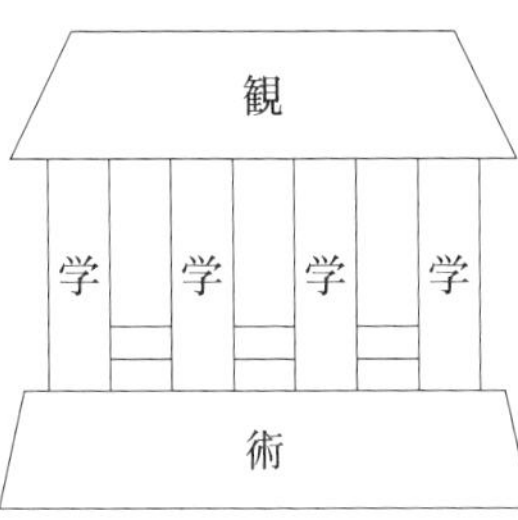

遠山は、受験勉強の結果うまれる、知識はあるが、観のない「有学無観」を嘆き、教育内容と教師の役割との関係をつぎのようにイメージする。

おおまかに「術」「学」「観」を成長の各時期に配当すれば、幼児期には「術」、少年期には「学」、青年期には「観」、それぞれに重点をおくのがよいだろう。「術」では教師の指導が強く前面にでるが、「学」では教師はほぼ生徒と同じ平面におりてきて、「観」になると、教師は生徒による「観」の自己形成を背後から援助するように心がけるべきであろう。もちろんのこと、「観」はすでに体得された「術」や「学」のしっかりした基礎のうえにはじめて形成することができる。そのことが可能になるためには各教科の総合性が回復されている必要がある。——「私の教育観」

総合学習の提唱

「術・学・観」の具体化として、遠山は「観の土台としての総合学習」を提案する。この総合学習そのものはすでに生活単元学習批判のときから主張していたが、あらためてつぎのように説明する。

がんらい、子どもはひとつの全一体である。彼らの頭が国語のはいる部屋、数学のはいる部屋というようにバラバラに分かれているわけではない。だとすれば、教えられる内容もとうぜん渾然と統一された有機体でなければなるまい。このことを念頭におくならば、国語・数学・生活指導……などの各分野でえられたもろもろの成果をどのように総合するかがつぎの課題となってくる。

——「教育における総合性の回復」1976

（「術」や「学」の）具体的な内容を決めることはたいへんな仕事であるし、それは将来の大きな課題であるが、ただ、共通にいえることは、教育内容そのものが「突如として天からふってきたようなものではなく、人間と、人間のつくっている社会が長い年月にわたってしばしば誤謬に陥りつつも、営々たる努力によって創り出したものである」という観点を欠いてはならないということである。（中略）「人間によってつくられた」という観点を教育のなかに回復しなければならないし、そのためには、文化史・思想史・科学史・技術史などの研究者たちの協力がぜひとも必要である。

——「序列主義の克服」

遠山のまなざしはつねに文化創造に向けられる。

（総合学習は）「公害」とか「平和」とかいう問題にかぎる必要はない。生徒たちにとって切実なもっと広い問題、たとえば、「人間はなぜ生きるか」「人間はなぜ学ぶか」などのように、すぐには解答のみいだせない問題であってもよいだろう。そのような問題ととりくむことによって、各教科のなかでえられた知識の有効性がためされることになるだろう。（中略）総合学習は、その性格からいってあらゆる教科を束ねるはずのものであるから、それが真の意味で教育的なものになるためには、各教科のあり方が根本的に変わっていく必要がある。これまでのように記憶させ、暗記させることに終始している授業のあり方をやめて、生徒たちにじっくり考えさせるやり方に変えねばならない。そうしないかぎり、この総合学習は成功しないだろう。――「教育における総合性の回復」

継承と創造の教育

つぎは、遠山が『競争原理を超えて』のエピローグとして、伊豆の別荘にこもって執筆した五十枚を超える原稿の一部である。このエピローグ全体が教育の未来像を考える大胆なフレームとなっている。競争原理批判、術・学・観の教育をていねいに解説したあと、結びとして「二つの相反する教育観」をとりあげる。

継承と発展、積極主義と消極主義という二項対立的な教育観は、古代ギリシア以来、教育における大きなテーマである。遠山はこの絡みあいをより高い次元で統一するための像を描きだす。リフレインもあるが、まとめとしよう。

二つの相反する教育観がある。

そのひとつは、教師は子どもの好ききらい、要求などは無視して、おのれが正しいと信じたことを有無をいわさずたたきこめという考え方である。いわゆる「スパルタ教育」などと呼ばれているものはこの考えにつながっている。そこでは、教師は全能の支配権を与えられ、教師の積極性が全面的に認められているという意味では積極主義の教育観と呼ぶことができよう。そこでは、子どもは完全に受動的な立場に追いこまれる。

もうひとつは、教育はすべて子どもの自発的な要求と活動に委(まか)せるべきで、子どもが要求しないかぎり、教師はなにひとつ教えこんではいけない、教師は子どもの背後から援助することにとどまるべきである、教師はまったく受動的で消極的な立場を守るべきだとする。その意味では消極主義の教育観と名づけることができよう。ルソーの『エミール』などはこの教育観につながっている。（中略）

現実に行なわれている教育は、多かれ少なかれ、この二つの教育観がまざりあったかたちで行なわれているであろう。二つのうち、どちらを多くふくんでいるかによって、教育の方法に多様な差異が生まれてくる。この相反する二つの教育観はどちらも真理——正確にいえば、部分的な真理——をふくんでいるといわざるをえない。なぜなら、双方ともに教育の本質のなかに根拠をもっているからである。

がんらい、ほかの哺乳類と比較すると、人間の子どもは極端な未熟児として生み落とされる。（中略）一年たたないと歩くこともできない。

これは、人間の生存にとっては大きな弱点であるが、人間の発展にとってはきわめて有利な条件である。なぜなら、この長い未熟児の期間のあいだに人間の子どもは、まえの世代までに獲得され、蓄積された知識や技術をゆっくり時間をかけて学びとり、継承することができるからである。（中略）このような意味の継承という営みは教育の重要な一部分——全部ではないが——であり、それがなかったら、人間の子どもはみなゼロからの出発を余儀なくされたはずである。

ここでいう継承は、前世代の人間からつぎの世代の人間に一方的に教え込むというかたちをとらざるをえない。いわゆる徒弟教育がその典型的な実例を提供してくれる。（中略）そのさい、さきにあげた積極主義の教育観が色濃く表面にでてくる。こう考えてくると、積極主義の教育観を全面的に否定し去ることはむずかしくなってくる。

他方では、これと正反対な消極主義的な教育観もやはり存在の理由をもっている。その理由は、やはり教育の本質から導きだされる。なぜなら、教育は、文化遺産の継承だけを任務とするものではなく、継承された知識や技術を足場として新しいものを創造し、発展させるようにすることをもうひとつの任務としているからである。創造と発展とに重点がおかれるとき、子どもの自発性をひきだして育てることがたいせつとなり、そのためには、教師は子どもの背後に退かねばならなくなる。ここに消極主義の教育観の根拠がある。

以上のように、相反する積極主義と消極主義の教育観は、ともに継承と創造という教育の本質の二つの側面に存在の理由をもっている以上、一方を肯定し、一方を否定するという「あれか、これか」的な断定をくだすことはできない。さきにのべたように、この二つの教育観はともにそれぞれ一面的な真理をふくんでいるからである。

もし現実に行なわれる教育のなかで、この二つの教育観をおなじ平面上に混合したかたちで共存させていたら、この相反した教育観は相殺されゼロと等しくなってしまうおそれがある。だから、つぎになすべきことは、この二つをより高い次元のなかで統一することである。

結論的にいえば、術・学・観とすすむにつれて、積極主義からしだいに消極主義への色あいを濃くしていって、最終的には、国民のひとりひとりが自分で苦労して創り出した世界観・人生観・社会観などの観をもつようになったら、人間のなかにある序列はなくなり、その序列のなかでおたがいを蹴落とすための競争原理は消滅するだろう。競争にかわって相互啓発が社会をすすめていく原動力になることが期待できる。――「競争原理を超えて」1976

第11章 「ひと」運動のしごと

最晩年・一九七二年―一九七九年

遠山が晩年に心血を注いだ「ひと」運動は一つの市民運動へと発展した。この運動と雑誌『ひと』づくりの中心にいたのが遠山であったのは確かだが、そこから発せられた数々のメッセージは、遠山固有のものというよりも編集委員会の合作と考えたほうが正確だろう。この章は遠山の視点から見た「ひと」運動の姿であり、雑誌と運動が連動してつくられていった経過のインサイド・レポートである。

1 『ひと』創刊の舞台裏

教育研究における理論と実践は車の両輪である。なぜなら、教育理論は教育現場で実践され、子どもたちの変化や成長という事実（具体）によってはじめて検証されるからである。逆もまた真で、実践から理論が生みだされる。この当然のことが、教育の世界では軽視されていた。

創刊の動機と経緯

一九七三（昭和四十八）年一月、『ひと』誌が創刊された（二月号、一月五日発売）。遠山の意気ごみもさることながら、創刊発起人に名を連ねた石田宇三郎・板倉聖宣・遠藤豊吉・白井春男たちの意気ごみも尋常ではなかった。

石田宇三郎は戦前から教育運動に深くかかわり、雑誌『生活学校』の編集メンバーであった。戦後も社会科の教科書づくりにかかわる。板倉聖宣は「仮説実験授業」の創始者で、その研究会の代表。機関誌『たのしい授業』を主宰している。遠藤豊吉は長く小学校の教師をつとめ、辞職後は教育評論家として活躍。「日本作文の会」の主要メンバーでもあった。白井春男は戦後すぐに小学校の教師になったが、組合活動でパージを受ける。その後、教育科学研究会や数教協に参加し、のちに「社会科の授業を創る会」を創設し、代表となる。

「編集会議を公開にしてだれでも編集に参加でき、読者が書きたいことを書く、しろうとが創る雑誌」――こんな新しい試みの月刊教育誌が新年早々、全国一斉に発売された。

「もう教育学者や教師が難解な〝仲間ことば〟で教育を論じあう時期ではない。教育が低迷するいまこそ、母親が子どもの教育の主人公として発言できるようにならなければ」と、遠山さんらは、この雑誌に全国の教師はもちろん母親たちが結集することを願っている。

——朝日新聞 1973.1.16

創刊から遡る一九七〇（昭和四十五）年の春、遠山は東京工大を定年退職する。その年の六月末ごろから遠山啓・白井春男・石田宇三郎・浅川満のあいだで新しい教育雑誌の創刊と出版活動、その拠点となる出版社の創設が構想されはじめていた。このとき、すでに遠山には「母親が子どもの教育の主人公として発言するような新しい雑誌が生まれなければいけない」という信念があった。七月には家永教科書裁判（第二次訴訟・第一審判決）が勝訴する。

当時、教育は国家によって統制・管理され、学校は選別機関と化し、テスト体制によって子どもは部品化・差別化され、教師の内部にも「文部省の指示どおりにやっていれば文句をつけられない」という官僚的な姿勢がしのびこんでいて、多くの父母たちは学校教育への絶望を深めていた。

これに対して、自主的な教育研究にたずさわる者——数少ない教師たちであったが——は、子どものための地道な営みを続けてきていた。それはみずからの存在を賭けた教育の営みであったが、しかし、それぞれの教科研究の閉鎖性を打ち破るまでにはいたっていなかった。

遠山をはじめ、発起人たちは杉本判決をつぎのように受けとめていた。

杉本判決はたんに教科書＝教育内容への国家権力の介入を排除しただけではなく、教師＝

国民がどのように教科書を書き改め、どのような教材をもって教え、どのような教育を創造してゆくかという責務を、日本の教師に負わせたものだった。——編集委員会報（1）1972

「学ぶ側に立つ教育を創造する」というその責務に応えるためにも、遠山たちは全教科の内容と方法を全体的にとらえなおす必要性をあらためて痛感していた。それには教育に切実な期待を寄せる父母たちと手をたずさえ、心ある実践者・研究者との協働作業が不可欠だった。家永教科書裁判の勝訴で、新雑誌を創刊する機運にアクセルがかかった。

そうして、まったく新しい総合教育雑誌の具体化と、その運動の本拠地にすべく、出版社（太郎次郎社）の創設（一九七二〈昭和四十七〉年）に向けて歩みだしたのだった。遠山は創設時の筆頭株主である。

運動の拡大と深化に雑誌は不可欠であり、メッセージを発信する出版活動は運動の推進力である。著者が創出したメッセージはあくまでも抽象概念なので、それを雑誌という具体物にモノ化させなければ、人びとに届けられない。その役割を担当したのが太郎次郎社代表の浅川満で、遠山とはむぎ書房で『わかるさんすう』を出版したときからの機縁である。浅川は「編集者は黒衣（くろこ）である」を信条としていたので、創刊発起人に名は連ねていない。

ちなみに、私は『ひと』誌が創刊された翌年（一九七四年）に国土社から太郎次郎社に移り、退職する一九九〇（平成二）年まで『ひと』誌の編集に関わった。後述する全国「ひと塾」実行委員会の事務局もほぼ毎年、担当した。

どんな雑誌をめざすのか

一九七二（昭和四十七）年五月十一日夜、ホテル一ッ橋（東京都千代田区）で、それまで個別に話し合われてきた新雑誌の構想をつきあわせる第一回の編集会議がもたれた。創刊発起人である石田宇三郎・板倉聖宣・遠藤豊吉・白井春男（司会）・遠山啓と、編集者の浅川満の六人が出席。そこで基本的な構想や方向が検討され、今後の作業日程が組まれていった。大きな方針として、つぎのことが確認された。

❶―テスト主義への不信に象徴されるように、父母の教育への絶望はあまりにも大きい。「子どもの教育をもっと全視点でとらえてほしい」という切実な要求に応えるには、教師の側も「教科の閉鎖性」から抜けださなければならない。

❷―民間教育運動は教科別に分かれているので、教科の総合性をめざす。しかも、それは混合ではなく、化合でなければならない。

❸―教育という営みには、それにかかわる人間の全人格がさらけだされるので、生の政治的なことは意識的に避け、教育に徹底する。

❹―読者として、教育への切実な要求を抱えている教師・母親・学生を念頭におく。発起人たちには、日本の教育学はみずからの守備範囲にかたくななまでに閉じこもり、しか

も思弁に陥っていて、教育現場の要求に応えられておらず、教育の総合性などは発想しえない――と、その体質に対する不信が充満していた。

「教育を全体的にとらえる」ということは、既成の教育学の組成自体を新たに組みなおすことにほかならない。さらに、組みなおすだけでなく、実践研究のうえに立って、教育学を現場に役立つ学問として新たに創りださなければならないと、発起人たちは自覚していた。

さらに、この会議で提案されたのは、読者参加型の雑誌づくりである。板倉が「だれでも編集に参加できて、読者が書きたいことを書く、しろうとが創る雑誌にしよう」と提案し、編集会議も読者に公開して研究会とすることが決まった。

六月五日には刊行発起人らに加え、のちに編集委員となる母親三名、のちに編集委員や常連執筆者となる各地の教育実践者六名、および、学生なども参加しての第二回編集会議がもたれた。その後、この雑誌は、だれでも参加できる公開編集会議を区民会館などで定期的におこなうことになる。

いかなる対立や異議があったとしても、つねに「子どもにとって最善の利益とは何か」という教育の原点にこだわり、新雑誌をとおして「〝おもしろい子〟を育てるほんとうの教育を構築したい」というのが、発起人たちの共通する願いであった。

七月の第三回編集会議では雑誌名『ひと』が決まり、遠山が書いた「創刊のことば」の草案を編集会議の参加者一同で検討する。編集代表、執筆方針や編集委員の構成、編集委員会の運営なども決められていく。

新しい文化を創る

一九七二（昭和四十七）年八月十六日・十七日、軽井沢にある遠山の別荘で合宿の編集会議（第四回）がおこなわれる。五月以降、検討内容が積み重ねられてきていたが、このときは夜を徹して十三時間にわたる喧々囂々（けんけんごうごう）の討論となった。とくに批判的に検討されたのが、

「優等生教師に劣等生教師がついていく教育運動」
「教師も父母も教育権が奪われている実態」
「親たちの保守的な教育要求」
「文化は上から下りてくると思っている日本の体質」
「教材の選択者になろうとしない教師の意識」
「現場の役に立たない既成の教育学」
「勤評に反対しながら子どもを五段階評価する教師の不合理」

などであった。民間教育運動においても常識として疑ってもみなかった視点や論理が多岐にわたって展開されたのである。

議論は熱気を帯びていた。どの人の発言にも、新雑誌を梃子（てこ）に新しい文化を創りだすという意欲がみなぎっていた。毎号、特集形式をとること、創刊号から数号までの内容は「ひとを教

えることの恐ろしさとすばらしさ」にテーマを焦点化することなどの編集方針がまとまり、三号までの目次内容がほぼ決定する。

板倉のつぎの発言は象徴的であった。

八百屋さんだって、この品物を、いくらで仕入れて、いくらの値段をつければ、どのくらい売れて、いくら儲かるか——とお客さんの顔を見ながら工夫し、すべて自分の責任で仕事をしている。にもかかわらず、大きな機構に巻き込まれている科学者とか大学の教師とか官僚とかは目的意識的に活動をしていない。せめて八百屋になりたい。

——編集委員会報（4）1972

また、この合宿で板倉は「民間教育学校・ひと塾」の構想を語っている。

九月十六日・十七日には全編集メンバーによる合宿会議がホテル一ツ橋にておこなわれ、創刊号に掲載する座談会「ひとを教えることの発見」がもたれ、三号までの内容を再検討する。この日も夜を徹しての会議となった。

子どものための教育宣言

一九七三（昭和四十八）年一月五日、満を持して創刊号が書店店頭に並ぶ。発売と同時に、読者の熱烈な反応が燎原(りょうげん)の火のごとく燃えひろがっていった。それは編集委員会の予想を大きく超えた。

『ひと』創刊号（一九七三年二月号）

- 特集＝子どものための教育宣言
- 編集代表＝遠山啓
- 装丁＝粟津(あわづ)潔(きよし)
- AB判・百十二ページ＋グラビア四ページ、定価＝二百八十円

巻頭には刊行発起人五名の連名で、「まず、第一歩を」という創刊のことばが掲げられた。遠山が起草し、発起人たちがくり返し練った宣言文である。子どもたちが肉体も精神もおびやかされている現状を憂い、それを乗り越えて、子どもがみずからの世界観や人生観を自己形成できる教育の創造をめざす決意を表明した。同時に、読者が創る雑誌への参加を呼びかけた。

本来、教育は、子どもたちが学びとった学問や文化を基礎として、自己の力によって、みずからの世界観や人生観を形成することを可能にするものでなければなりません。それによって、人間と人間との連帯を回復し、人間の全一性をとりもどすために、まず、わたしたちは、その第一歩を踏み出したいと願っています。

この決意のもとに、わたしたちは、新しい雑誌を発刊することにしました。

人間の原点にたちかえって、そこから歩きはじめるという願いをこめて、それを、「ひと」と名づけました。

『ひと』は、少数の編集者が与え、多数の読者が受けとめるというかたちではなく、教師と父母をはじめ学生・生徒もふくめて、教育に関心のあるすべてのひとたちが創る雑誌にしたいと願っています。――『ひと』一九七三年二月号

また、この「創刊のことば」とはべつに、遠山は「とびらのことば」を書いた。

英和辞典で「one」という字を引くと、「1」という意味のほかに、「ひと」という意味をもっていることがわかる。ところが、日本語でも「ひと」に「つ」をつけると、「ひとつ」、つまり「1」になる。偶然の一致であろうが、ちょっとおもしろいことだ。「1」は数の原子みたいなもので、1、2、3、……という無限数列の始点となっている。だが、「1」が失われると、たちまち、0、すなわち虚無のなかに転落するほかはない。「ひと」もやはり無限の世界の始点であり、絶対に失うことのできない、ぎりぎりの存在なのだ。そのことを心に刻みつけておきたい。――同前

『ひと』誌は「すべての教師と父母のための月刊誌」を冠コピーに（第四号からは「すべての教師

と父母と学生・生徒のための月刊誌」）、特徴をつぎの六つに集約して広報した。

❶—しろうとが参加して創る。専門家はしろうとのために
❷—たんなる告発に終わらずに、教育の明るい未来を
❸—子どもが喜ぶ授業を創り、育てる
❹—一冊の雑誌で、どの教科もあつかう
❺—親も教師も学生も本音をぶつけあって
❻—自分自身のものさしをもった生き方を求めて

発売した直後から連日のように、共感と激励の手紙が編集委員会や編集部に舞いこんだ。時宜を得た内容もさることながら、ユニークな編集体制が注目され、マスコミにもいろいろなかたちでとりあげられ、それが拡販にもつながった。

新しい出版社を興す場合、多くは単行本の刊行からはじめるが、太郎次郎社は雑誌で出発した。その点でもユニークであった。また、一般的な商業誌のように、出版社が編集委員を頼んで制作するのではなく、編集委員会が編集した内容を出版社に委託するというかたちであった。

2　雑誌から生まれたうねり

組織も名簿もない市民運動

「ひと」運動は、『ひと』誌が毎月発信する思想の強さだけで運動を形成するという運動論である。だから、この運動には組織も名簿も、運動を統括する本部機能もない。組織がないから、それを維持するための会費ももちろんない。あるのは『ひと』誌の編集委員会と、適宜つくられる「ひと塾実行委員会」（後述）だけで、あとは『ひと』誌の主張に共感する市民（教師や父母や学生ら）が思い思いに勝手連をつくっていった。

だから、毎号そのつどの読者――端的にいえば売上部数――が、その月に直接組織された人数ということであり、その背後にたくさんの共鳴者がいて「ひと」運動は成立していたのである。ピーク時には三万部超となっていた。

編集委員会も運動体の本部ではなく、自由な個人による、政治色のない編集グループとしての位置づけであったので、教育改革運動でありながらも、「ひと」という名のもとに一致して声明をだすことなどは考えない新しい運動スタイルであった。

各研究団体の代表者を入れつつ構成するような、政治的な配慮による枠組みを斥け、遠山は、教育理念を共有する人たちと個人のレベルで同志連合を組み、新しいかたちの教育運動を構想した。その共通理念は「たのしい」と「子どもの利益を最優先する」といういきわめてシンプルなものだった。

遠山への厚い信頼を牽引力とした運動でありつつも、編集委員は遠山の志を実現するために集まったわけではない。遠山の教育思想に共感する一人ひとりが、そこに自分の理想を重ねあわせて形づくっていった同志たちの結合体であった。また、以後に説明する参加型の誌面づくり、編集委員会の構成やもち方、さらには「ひと塾」の運営など、この特異なスタイル（組織論）をリードしたのは板倉だったといえる。

具体的であること、提案型であること

『ひと』誌は教育問題の告発よりも、むしろ教育を改革するための具体的なプランを積極的に提示するという「提案主義」が、編集委員会全体で承認された大きな柱であった。これも板倉の提案である。事実、教科書批判や文部省批判に熱心でも、自分の教室では脆弱な授業をしている教師がたくさんいたし、板倉は「中途半端なプランなら、むしろ指導要領のほうがまだよい」という意見でもあった。

告発よりも提案――強いていえば、板倉は学会誌的な発想だったが、その点、遠山は板倉の考え方を十分に理解し承認しつつも、もう少し運動誌寄りの発想であった。だから、告発や批判をいっさいしなかったわけではなく、共通一次試験や養護学校の義務化などの教育政策を批判する原稿も積極的に書き、新聞記者による教育座談会などの企画も支持していた。

そうだとしても、遠山も板倉も、批判という「解毒剤」よりも、むしろ子どもの成長に必要な「栄養剤」を提供することに全力を傾けていた。『ひと』誌は板倉の学会的な発想と、遠山の運動的な発想のバランスの上に成立していたといえるだろう。

いうなれば「子ども党」

遠山自身は政治にも関心が強かったが、「ひと」運動では生の政治色をいっさいださず、つねに「子ども党」を前面に押しだしていた。換言すれば、「子どもにとって最善の利益とは何かを最優先する」という旗印のもとにすべてを収斂（しゅうれん）させることで、告発に終始する左翼政治主義的な教育運動を遠ざけ、ともすると政治的に対立するリベラル派をまとめ、その一方で当時の文部省からの政治的で無益な攻撃をかわしていた。「子ども党」は遠山の本旨であると同時に、注意深い深慮遠謀でもあった。遠山も板倉も提案主義を原則とし、そのじつ実証的に教育政策を批判するという戦略を基本にすえていた。

遠山は「有学無観」を育てる教育を危惧し、観の自己形成の糧となる人生論や文化論や科学論を若者に向けて、体験的・実感的に積極的に書きつづけた。創刊当初に執筆した「教育問答」や「老若問答」を「新聞でいう社説のつもり」といっていたが、一方で若者たちへの渾身のメッセージだった。

起爆剤となったのは母親たち

編集委員会はつぎのようであった。発起人たち常任編集委員、小・中・高の現場教師による編集委員、そして、通称・母親編集委員（『ひと』誌に特有であった）、および、特集にあわせて招くゲスト編集委員で構成され、全員による企画委員会、毎号の特集ごとに組織する実務委員会があり、公開編集会議も定例でおこなわれた。さらに、各地で活躍している教育の実践者が地方編集委員として加わり、意見や感想を積極的に寄せた。当初の編集委員は発起人の推薦で選ばれたが、その後は編集委員会で推薦・検討された。教育学者には編集委員会への参加を求めなかった。

編集委員会はプランづくりだけでなく、編集部といっしょに誌面構成まで担当したが、編集会議も実務会議も談論風発。つねにだれかがしゃべっていた。教育はもちろんのこと、芸能ネタから社会・政治まで話題は色とりどり。各分野の最先端で仕事をしている研究者・実践者が結集していたので刺激的で、私にとっては緊張しつつも楽しい最高のゼミであった。

編集委員会は親の立場から教育を考える女性たちの存在を強く意識していた。母親たちを『ひと』誌の主要な読者として、また書き手として、もちろん運動の同志として想定していた。

とくに遠山は、学歴信仰に凝り固まる「学校ママ」と子どもの真の成長を願う「教育ママ」とを峻別し、「真の教育ママは免許こそ持っていないが、教育の専門家」と励ましつづけ、親がもつ潜在的な教育要求を掘りおこし、それに火をつけた。それが、「ひと」運動が学校・教師という枠をこえて市民運動にまで発展した大きな理由である。

当時、父親は企業戦士、母親は専業主婦が多く、子どもの教育はもっぱら母親が抱えこむことになり、母親と子どもは学校教育と直面するばかりでなく、受験競争による乱塾状況にさらされていた。

ちなみに遠山は、「ひと」運動と前後して、家庭で学べる子ども向け図書『さんすうだいすき』『算数の探険』(ほるぷ出版、のち日本図書センター)という二大シリーズを出版している(一九七二年―一九七三年刊、のちに『数学の広場』シリーズも刊行)。その普及のために、母親たちとの算数教室を全国各地で精力的に開いた。これは学校教育にたよらずに算数・数学の楽しさを母親と、母親を介して子どもたちに届けるためであると同時に、母親の教育運動への参加をうながす機会として、遠山のなかで大きな意味をもっていた。そこでの強い手ごたえが、『ひと』誌の創刊と普及に自信を与えたのである。

さらにはこの普及活動のなかで、学問が市井の人たちを励ますのを目の当たりにして、学問のあるべき本来の姿を実感していたにちがいない。母親たちを聴衆に講演したり、授業をしたりするときの遠山は、じつに楽しそうであった。子どもに向けた講座もふくめ、当時、遠山ほど多様な人びとに授業をおこなった学者はおそらくほかにいないだろう。
そうした国内の教育行脚だけでなく、一九七二(昭和四十七)年秋には約一か月間、ヨーロッパを旅行し、おもに各国の算数の本や教育状況を見てまわっている。

読者参加型の雑誌

誌面づくりにも工夫と戦略があった。ゆるやかな執筆依頼はしたとしても、編集委員もふくめて原稿は投稿を基本とした。「書きたい」という内発性を大事にし、活きのよい原稿を求めた。『ひと』誌の執筆者には民間教育研究団体に所属する実践家が多くいたが、執筆にあたっては、研究団体の主張や実践を代表する公式見解のような書き方ではなく、オリジナルな研究や実践や体験を重要視した。

毎月のように開かれる公開編集会議にも精力的に取り組む。読者とのダイレクトな接点であり、親や教師や学生たちの生の声を聞く貴重な場であった。ここでだされた参加者の発言をとらえ、「それを書いてみないか」というかたちで投稿を呼びかけた。原稿などはじめて書くという人も多く、編集委員や編集部の対応はたいへんだったが、それだけに新鮮な原稿がたくさん生みだされ、それらが誌面を活性化した。

公開編集会議は、当初は『ひと』誌の記事をきっかけに話し合うための場だったが、一九七四(昭和四十九)年四月から、前半に編集委員や著者によるミニ講演「日曜ひと塾」をやり、後半に公開編集会議をやるという抱きあわせのかたちにした。

その一方で、読者がみずから主催して立ち上げた読書会やサークル「小さなひと塾」も全国各地に生まれた。日曜ひと塾や公開編集会議は、どうしても東京地区が中心であったが、各地に生まれた「小さなひと塾」からの招聘もかなりあり、そうした要望には編集委員会も編集部もできるだけ応えた。それらをつみ重ねながら、『ひと』は読者参加型の雑誌を標榜していったのである。

素人こそが納得する原稿を

『ひと』誌は学術誌ではなく、だれでも読めることを念頭においた、教育をめぐる啓発的な大衆雑誌である。メッセージを一般の読者に届けられなければ、意味がない。だから、専門用語・業界用語を使わずに平易なことばで書くということが大原則であった。

また、理屈から入る上意下達的な文体を避け、身近な視点や事実から問題を提起し、一般化していく書き方をかなり意識的に要求した。「抽象的ではなく具体的に」「演繹的ではなく帰納的に」が原稿づくりの合い言葉であった。

「子どもがわからない授業は教師のせい（教え方が悪い）」というのが「ひと」運動の大きな主張であったので、当然のこととして「読者がわからない原稿は書き手のせい（書き方が悪い）」というのが『ひと』誌のスタンスである。当時としては希少な編集方針といえるだろう。一九七〇年代はまだ活字文化が権威性をまとっていて、難解なものが深遠とされ、読みやすいものは浅薄とされるような風潮があったからである。

専門家ではない読者にこそメッセージを届けることが重要であったので、母親編集委員とよばれた人たちは、そうした視点から原稿をチェックする役目も担っていた。遠山をはじめとする編集委員たちの原稿も例外ではなく、遠山も板倉も「この書き方ではわかりません」という彼女たちの感想を素直に聞き入れ、何度も加筆し、ときにはボツになったり、みずから引きあげたりした原稿もあった。

それは編集部の実務レベルにまで徹底していた。原稿整理にあたっては、半知半解と思われる内容や表現はできるだけ排し、難解な語句や漢字の多用を避けた。漢字・かな表記の使い分けの原則、読点の打ち方などの基礎表記から、文章の主述や呼応の関係、一段落の最大行数の目安、小見出しの頻度などの文章構造にも神経質なほど配慮し、読みやすい文章を編集部は心がけた。

おおげさにいえば、そうした編集作業は「文化の脱特権化」という意味で「ひと」運動の一環でもあった。評論家の羽仁説子（はにせつこ）から、この方針に共感した励ましの言葉をもらったこともある。「漢字の多用はインテリによる文化の独占につながる」と話されていた。

多彩でアクチュアルな誌面

創刊時の特集名を一年分、列記してみる（以下、順に、創刊号の一九七三年二月号から翌七四年一月号まで）。

「子どものための教育宣言」「『評価と評定』について」「新しい私塾づくり」「学校に何を期待するか」「父母は何ができるか（PTA）」「通知票・指導要録・内申書」「こんな夏休みがすごせたら」「子どもは人質か」「市販テストの問題点」「教育をとらえなおす本」「母親として、教師として」「授業で勝負する」

これらの視点はいまなおズシリとくる。

個別の記事もふり返ってみよう。巻頭ページは子ども・若者の肉声や表現作品を掲載する「子どもの眼・子どもの声」（号によって「若ものの眼・若ものの声」）のコーナー。「新しい授業への招待」と称した実践シリーズは、「一億タイルのうえでボール投げ」「〃理科オンチ〃教師のたのしい授業」「一粒から千粒へ――低学年の社会科」をはじめ、芸術や体育もふくめて全教科にわたった。この授業実践シリーズは、教材の提示から教室でのやりとりまでをくわしく再現し、少し工夫すれば追試が可能となるような書き方を主旨とした。ここには、未知の世界への扉を一つひとつ開けていく子どもと教師のドラマがあった。

『ひと』誌は授業記録（実践記録）をとりわけ大事にし、毎号かならず掲載することを原則としていて、その方針はかたくななまでに守られつづけた。

もちろん、母親たちの原稿は多い。「親と教師が手を結ぶには」「親が教育に眼をひらくとき」「こんなん、道徳じゃないよね」など、学校への疑問や要求は率直できびしい。また、「お母さんの私塾づくり運動」「学級ＰＴＡでのこの一年」「保育所づくりのなかで」など、地域活動や勉強会の報告も毎号のように掲載された。

連載記事では、遠山が「教育問答」を、板倉が「科学新入門」を、やや遅れて白井が「人間の歴史」の連載を開始して、ひとはなぜ学び、なにを教えるかをテーマに、未開拓の教育内容を切り拓いていく。そのほか管理と規則、宿題と遊び、登校拒否、校内暴力、戦争や平和、教育格差などのテーマに着目していて、すでに「今日」を予想してもいる。

誌面の主役は市井の一人ひとりであったが、林竹二（教育哲学者）・間宮芳正（作曲家）・永井道雄（文部大臣）・斎藤茂男（ジャーナリスト）・園部三郎（音楽評論家）・家永三郎（歴史学者）なども快く協力してくれた。これは幅広い知友をもつ遠山の力が大きかった。

熱くきびしい読者の声

毎号、全国津々浦々の読者からたくさんの声が編集部に寄せられた。

「授業の記録で、子どもたちがどんなに生き生きと楽しみながら勉強を理解していくことか。できないのは子どもの頭が悪いのではなく、教え方が悪いのであり、勉強とは、ほんとうはこんなにおもしろいものだという一貫した『ひと』の主張は、授業についていけなくて、学校ぎらいがふえている今の子どもたちや親にとって、なんという救いだろう」「私が求めていたものがここにある」「『ひと』の刺激で新しい活動を始めた」など、熱のこもった共感を伝えるものが多かった。ときには、わが子のかよう学校のひどい現実を伝えるもの、また、ときには誌面へのきびしい感想や注文もあった。

六月号拝見しました。『ひと』を読むと、いつものことながら、お母さんがたがどんどん行動し、発言していらっしゃるのをまのあたりにできて、うれしく思いました。(中略)けれども、私には、「父母は何ができるか(PTA)」という特集は、正直にいってものたりませんでした。といいますのは、「父母は何ができるか」という特集なら、PTAという以前に、一人一人の父母が、または一つ一つの家庭が、自分の子どもたちを誕生以来どう育てたのか、これからどう育てたいのか、これから何ができるのかという問いかけがまずなければならないと思うのです。

教えられるがわの中学生・高校生たちは、五月号の座談会で、〝先生はどうしても教えたいという事柄を自分自身のうちにもっているのか?〟と、するどく問うていますが、その問いは、当然、父母の一人一人にも発せられたのではないでしょうか?

彼らは、おとなの一人一人に、望み断念し、それでもまだ望みを達したいとがんばっているような、個性的な「ひと」であれとねがっているのではないでしょうか?

——そういう不断の過程からもれでる、どうしてもこれだけはいっておきたいという生きたことばを、ご意見を、おきかせねがえれば、さいわいです。
私たちの共同保育『たんぽぽ』の文集を一部お送りします。

この手紙は一九七三年八月号の最終ページに全文が掲載されている。こうした声をあえて誌面に載せるところも『ひと』らしさといえるだろう。その後、この手紙を大阪からよせた曽田(そだ)簫子(しょうこ)は『ひと』誌の常連執筆者となり、やがて単行本を書くことになる。

生きがいの発見を触発する

『ひと』誌の目的は教育に関する研究・実践運動であり、抵抗運動であり、教育創造運動であるが、発せられたメッセージはその枠組みをこえて、仕事や人生に悩む若者や教師や母親たちを勇気づけ、励ました。その意味では、結果としてではあるが、「生きがいの発見」をうながした自信回復運動でもあった。

「ひと」運動が大きなうねりになったのは、それが当時の市民の心をとらえ、あえて漫画チックにいえば「ファッション」化したからではないだろうか。全国各地に「『ひと』勝手連」が雨後の竹の子のごとく生まれ、それぞれが教育だけでなく、消費生活や原発の問題などの地域活動、勉強会や読書サークルなどを起こしていったのだが、その原動力は、「ひと」運動に触発されて一人ひとりが発見した生きがいだったのかもしれない。

　そうだとすれば、遠山や板倉をはじめとする仕掛人たちは、時代の演出家であり、すぐれたジャーナリストであり、編集者でもあったといえるだろう。

3　ひと塾に集う

「ひと塾」は『ひと』誌の書き手と読者が直接に向きあい、経験と研究を交換し、高めあう交流の場として企画された合宿型の講座である。教科・分野ごとに進められている民間教育運動の理論と実践を一堂にあつめて入門講座を開くというのが、創設の趣旨である。つまりは「教科の化合」である。

　イメージの固定化を避け、流動性をできるだけ大事にするという原則であったので、回を追うごとに、さまざまな試行と実験がおこなわれた。第一回ひと塾の実行委員は、板倉聖宣（実行委員長）・岡田進・平林浩。板倉は実行委員長を第五回（一九七五〈昭和五十〉年・小樽）まで担当し、ひと塾の基礎づくりを主導した。

合宿「ひと塾」がスタート

第一回は「民間教育学校・ひと塾」（主催＝『ひと』編集同人）という名称でおこなわれたが、早くも創刊号に予告を載せている。創刊から二か月半後の一九七三（昭和四十八）年三月二十六日〜二十八日（二泊三日）に、東京・八王子にある大学セミナーハウスで開かれる。研究会としての適正規模と宿泊施設のことを考慮して、定員制とした。

このとき、定員を百二十人としていたが、その三倍もの応募があり、結局、百五十八人を受け入れる。一クラス二十〜三十人を目安に六クラスを編成して、のべ三十二講座。小学校教育を低・中・高と分けた学年別講座も、学年フリーの特別講座も、一コマ三時間。終日使える二日目は、朝から一日に四コマ（計十二時間）もあり、ハードな日程であったが、会場は熱気に包まれた。

数学教育協議会、仮説実験授業研究会、教科研社会科部会（のちに「社会科の授業を創る会」をへて「人間の歴史の授業を創る会」へ改称）、日本作文の会、新しい絵の会、野口体操の研究成果がもちよられ、それぞれの講師が各クラスを順にまわって講座や授業を担当した。いずれも民間の自主的な教育団体である。

第二回はその四か月半後、八月十五日〜十八日（三泊四日）。山梨県清里の八ヶ岳山麓（八ヶ岳ロッジ）にて。各学年を二クラス編成にし、クラス定員を二十〜二十五人とする。三百人規模を想定していたが、じっさいは講師をふくめて総勢四百六十四人に膨れあがり、宿泊もままならぬほどに盛況であった。

後日、遠山は「夜遅く部屋に帰ったら、寝る場所がなく、ゴザの上に寝た。まるでキリストだ」と、じつに楽しそうにくり返し話題にした。講師は三十四人。講座数はのべ九十八コマ。音楽教育の会も加わり、このときは子どものための講座も開設した。

春季の第一回はやや試行的・実験的であったが、この第二回ではそれを発展させ、教師と父母と学生のエネルギーを一堂に集めようという「ひと」運動の趣旨が本格的に実現されはじめる。このときに参加した人のなかから、のちに『ひと』誌の書き手になり、「ひと」運動を地域で支える人が多く輩出した。

ひと塾で得た熱烈な反響をとらえて、一九七四（昭和四十九）年四月一日には地方の編集委員を東京に招集し、情報交換がおこなわれた。そのなかで今後は「全国ひと塾」を関東以外でも開くことが決まり、翌年の第四回を佐賀県で開催することが内定した。また、一泊二日で講師数は三、四人規模の「地域ひと塾」を積極的に開催することも検討された。

第三回は一九七四（昭和四十九）年八月二十五日〜二十七日（二泊三日）。富士山麓の緑の休暇村にて。四百五十人の募集に対して二倍近い応募があり、その希望にできるだけ応えるために西湖民宿村も確保し、五百二十人を受け入れ、参加者を二会場に分け、講師のほうが車で二会場を移動するという方法をとった。

講師数は六十三人。講座数はのべ百六コマ。参加二回以上の人たちが六クラス。初参加者が十三クラス。このときは申し込みの締め切りを四月十五日にくり上げ、早くからクラス編成をし、参加者に名簿を事前に渡して参加者どうしの交流が深められるような試みもする。

第四回は開催地・九州の実行委員と東京の実行委員が共同で実行委員会を組織し、一九七五（昭和五十）年八月十日〜十二日（二泊三日）に佐賀県の嬉野（うれしの）で開く（通称・九州ひと塾）。宿泊は温泉ホテル。会場は公立の嬉野小学校に協力してもらった。参加者は百九十四人。そのうち初参加者が百五十人。地方の読者を掘りおこすひと塾開催の第一弾でもあった。

また同じ八月に、遠山・板倉・白井を講師とし、講演と座談会を内容とする「地域ひと塾」も高野山で催された。通称「関西ひと塾」とよぶ。読者の熱気に押され、創刊発起人も編集委員も時間を工面してあちらこちらと飛びまわった。全国ひと塾と地域ひと塾の違いがまぎらわしいが、正確にいえば、宿

「ひと塾」日程表（第3回）

	7	8	9	10	11	12	1	2	3	4	5	6	7	8	9	10	11
1日め					受付	（昼食）	全体会 遠山講演	クラスごとに講座（A）（共通科目）			（クラス会）	（夕食・入浴）	選択科目講座（X）			ナイター（フリー）	
2日め	（朝食）	講座（B）（共通科目）				講演会	（昼食）	選択科目講座（Y）			休み	（夕食・入浴）	講座（C）（共通科目）			ナイター（フリー）	
3日め	（朝食）	講座（D）（共通科目）				全体会	解散										

泊日数・講師数・講座数など、その規模の大小による。

第五回は同じ年の年末、十二月二十六日〜二十八日（二泊三日）に小樽の朝里川温泉で開催（通称・北海道ひと塾）。参加者は百八十人。このときは北海道が猛吹雪に見舞われ、飛行機が欠航し、遠山をはじめ東京からの講師団が前夜までに到着せず、事務局はハラハラのしどおしだった。この年は九州、関西、北海道と、一年に三回ものひと塾を開く。精力的であった。

こうして、ひと塾の原型が少しずつ創られていき、全体講演は、初日は遠山啓による教育論、二日目は板倉聖宣による教育内容論、まとめの会は白井春男による教師論というのが定番になっていく。

講師も生徒に――各教科の相互浸透と化合

ひと塾は「教科の化合をじっさいに試みる現場の創出」というビジョンのもとに企画された。「混合」ではなく、あくまでも「化合」ないしは「融合」である。

ある教師は数学教育ではベテランでも、国語教育では初心者かもしれないし、また、ある人は、科学教育に造詣が深くても社会科教育では「普通」かもしれない。むしろ、そういうケースがほとんどで、ある教科では「先生」でも、ほかの教科では「生徒」といえる。当時はどこの研究会も、講師は自分の担当講座を終えるとそれでおしまいにしていたが、ひと塾では、講師も他教科の講座に「生徒」として参加し、質問することなどを最初は義務づけていた。

ある教科で成果のあがった教育研究は、それが普遍的であれば、ほかの教科にも応用できるはずである。だとしたら、自分が専門とする教科以外からもおおいに学ぶ必要があり、とくに小学校は全教科担任制であるので、どの教科も教えることができなければならない。なにより、子どもはひとりの人間として全一的な存在であり、いろいろな教科を全体として学ぶのだから、教師だって各教科を全体として勉強するのがあたりまえという、じつに明解な論理である。

そこで、バラバラに蓄積されている各教科の研究成果を一堂に集め、教科を化合し、ベテランも初心者もおたがいに教えあい、学びあって、マルチな教師、マルチな教育研究をめざそう——ということが意図され、組織されたのが全国ひと塾の出発点である。もちろん、遠山も板倉も白井も、「講師」をつとめる一方で、専門以外の講座では「生徒」をやっていた。

ちなみに、講師たちには担当講座への謝礼がでたが、同時に他講座の生徒でもあるので、招待ではなく、参加費は一律であった。

生徒も講師に——参加者間の相互浸透と交換

さらには、自薦・他薦によって参加者にも実践研究や体験をどんどん発表してもらい、「生徒も講師に」という関係をつくることも大きな柱であった。新しい実践、新しい実践者の積極的な発掘と育成である。じっさい、ひと塾の参加者のなかから新鮮な、そして、貴重な原稿がたくさん生まれ、『ひと』の誌面や「ひと」運動に思いがけない影響を与え、活力源になった。

全国ひと塾の参加費は、当時の他の研究会にくらべてつねに高めだった。「できるだけ安くしてたくさんの人を集める」という従来の組合型組織論とは逆の考え方をした。「よいものは高く売れ。時間も費用もかけて生みだした成果なのだから、講師はそれを安売りせず、参加者もそれにふさわしい対価を払う。そのほうが講師にも参加者にも緊張が生まれ、質が高くなる」――端的にいえば、こうした考え方である。事実、どの講師も全力で取り組み、参加者からは率直な質問や意見がとびかい、どの講座もつねに白熱していた。

参加者のなかには、共産党や社会党（当時）の支持者も、新左翼といわれる人も、少数とはいえ自民党の支持者もいたが、『ひと』誌もひと塾も「子どもの最善の利益を最優先し、生の政治色はもちこまない」ことを大原則にしていたので、イデオロギーの論争になることはいっさいなかった。

居酒屋ふうナイターは興奮のるつぼ

「ナイター」と名づけられたフリーの時間帯があった。一日の日程がすべて終わった夜、参加者が話したい講師をつかまえたり、仲間どうしで集まったりして話しこむ裏プログラムで、全国ひと塾の名物であった。

プログラムに準備された各講座は、すでに検討も整理もされ、評価もほぼ固まっている研究と実践の交換が主だったが、それに対してナイターは、ビール片手の居酒屋風情である。比喩ではなく、じっさいにビールやウィスキーを片手に、ロビーや部屋や廊下に人の輪が自然と生まれ、おしゃべりが一晩中あふれていた。まるで横丁の井戸端会議。ホンネで話せる気楽な雰囲気がひと塾全体を包んでいた。

ここでは正規の講座にはないホットな意見や、講師が語る生成過程の研究や、参加者のまだ未整理な実践が話題としてとびかうので、参加初心者はそのやりとりをギャラリーとしてとり囲んで聞いているだけでも楽しく、もったいなくて寝てなどいられなかった。ナイターはなによりも生で、どこまでも率直で、未成熟ではあったが、最先端の情報がゆきかう場と時間であった。常連参加者のなかには、昼間に寝て、夜に活躍するナイターマニアがけっこういた。遠山も夜にめっぽう強く、やはりナイターが大好きで、明け方までウィスキー片手におしゃべりの輪をめぐり歩いていた。もちろん、いつも話題の輪の中心にいた。

正規の講座が入門講座なら、ナイターはカッコつきではあるが、熱っぽい「研究講座」といえる。どちらも刺激的で、講師も参加者のひとりとして双方につきあったので、睡眠時間がほとんどなかった。当時、「二泊三日の日程を、ぜひ三泊四日の企画に」という要望がかなりあったが、「これ以上、延長したら、講師が死んでしまう」とマジメ半分、冗談半分の議論がずいぶんと交わされた。ほんとうの話である。

「ひと」運動を進めた草の根の力

全国ひと塾に対する参加者(読者)の反応は、熱狂的といえるほどだった。原型づくりをした第五回まではややくわしいレポートを先述したが、その後も定員に対して応募が二倍、三倍ということがザラであった。それでも学習会としての適正規模や運営力を重視し、宿泊と会場をひとつの旅館にまとめることや、講師数や講座数などを勘案して、定員制を守りつづけた。

最初のころは参加受付の諾否を先着順にしていたので、募集要項を掲載した『ひと』誌の発売と同時に、全国から応募はがきがどっと寄せられた。とくに募集開始直後の三日間は電話での問い合わせも多く、事務局の太郎次郎社は社員数名の小出版社だったので、その対応にてんてこ舞い。「地方は発売日が遅れる。不公平だ」という抗議の声がいくつも届けられた。応募にはずれた人が会社の玄関先に座りこんだり、開催の当日、いきなり押しかけてきたりということもめずらしくなかった。

また、全国ひと塾は人手不足から保育ができなかったが、就学前の子を連れたお母さんの参加もあり、参加者どうしで助けあいながら、その女性の受講を確保している姿は事務局としてありがたかった。一九八三(昭和五十八)年の鬼怒川開催からは、年度によっては「小学生ひと塾」「中学生ひと塾」「高校生ひと塾」なども企画するようになる。

全国ひと塾の参加者アンケートもまた熱気に満ちていた。

「ひとりぼっちで不安を抱いて参加したけれど、講師や参加者の情熱に圧倒されました」

「先輩たちのさまざまな実践はひとつの財産だと思います。来年は私も財産をもって」

「若い方の授業実践を聞き、心が躍ります。そんなヒラメキを私もとりもどしたい」

「寝るのが惜しくなるくらいナイターはおもしろい。でも、かなり寝不足です」

『ひと』誌やひと塾には、著作や実践で名の通った人も参加していたが、むしろ、そうした有名人は少数で、大半は全国の各地域で活躍している無名な人たちであり、そうした人たちが各地に「小さなひと塾」をたちあげ、運動をつくっていったのである。勝手連である。

一方、編集委員会も、公開編集会議と抱きあわせにした「日曜ひと塾」や「出前ひと塾」を主催し、おもに編集委員や主要な書き手が講師になった。これらは学校万能論に対するオルタナティブ・スクールともいえ、それら一連の動きを遠山は「見えない学校」と呼んでいた。

このように、ひと塾も『ひと』誌と同じく読者参加型であった。もしいま、書き手と読み手が集まり、同窓会を開いたら、おそらく、いや、まちがいなく「あのとき、オレはアレをやった」「ワタシはコレがおもしろかった」と、市井の人たちがわがこととして、『ひと』とその時代と自身とのかかわりを語るにちがいない。

4　遠山啓と教育の市民運動

遠山啓の覚悟

「ひと」運動は教育に足場をおきながらも、教育の範疇をこえてひとつの社会運動に育った。

> 「ひと」の反響の大きさにすこし驚く。これまでインテリ相手にいろいろのものを書いたが、それの空しさがいま感じられる。手ごたえのある仕事にはじめてめぐり会ったという感じである。学生にも拡げねばならない。――1973.2.14

『ひと』誌が創刊された約一か月後の遠山の日記である。遠山は本気だった。晩年の大仕事として「ひと」運動を起こし、新しく闘いを開始したのである。創刊後は講演会のたびに『ひと』誌を十冊、二十冊と持参し、みずから展示販売していた。鬼気迫るほどに意気ごんでいた。この運動にみずからの存在を賭けていたのではないだろうか。

晩年に書いた自伝的エッセイに、遠山は自身の歩みをふり返ってこう書いた。障害児との出会いが起点である。

明治以来、日本の学校教育を支配してきた原理――競争原理ともいうべきものが日本の教育をだめにしているのではないか、という考えがますます強くなってきた。テスト――点数――序列主義――競争原理という強固な鎖をどのようにして断ち切るか。そのことに私の関心は向けられるようになった。――「水源に向かって歩く」1976

これこそがまさに遠山にとっての「ひと」運動ではなかったろうか。

第三の差別（能力差別）に挑戦することは風車に向かって突撃するようなものだろう。風車にはねとばされてくたばるかもしれないが、それもしかたがないと思っている。――同前

「第三の差別はより深い社会学的な根拠をもっているのかもしれない。とても私などの手に負える相手ではない」と覚悟しつつ、好きだというブレイクの言葉 "The road of excess leads to the palace of wisdom."（過剰の道が知恵の宮殿に通ずる）つまり、やりすぎて失敗することによって賢くなる――を胸に、遠山は決意してたち向かったのではないだろうか。

見える学校・見えない学校

教育の全面的な改革をめざす「ひと」運動は、遠山にとって最後の主戦場だった。その具現として、遠山はつぎの三つを考えていた。

❶—見える学校＝学校教育を改革する
❷—見えない学校＝学校の外に学びの場をつくる
❸—著作を残す＝自学自習書や啓蒙書を書く

一つめは、競争原理を超える学校の創設である。

定年退職後、遠山にはいくつかの大学から学長や高額の報酬を条件に教授への招聘（しょうへい）があったが、すべて断わり、受けたのはある私立校の総学園長の話だった。序列主義を克服する学校づくりをめざしたのである。ところが、内部の激しい反対にあい、それは実現しなかったのだが、のちに、この案を推進した遠藤豊をはじめ、おもな同志は遠山と「点数のない学校」の新設を模索した。この計画は遠山の没後、一九八五（昭和六十）年にその遺志をひきついだ人たちによって「自由の森学園」として実現する。

二つめの「見えない学校」とは、文科省に拘束されない自由な私塾、ないしはサロンのことである。その試行として、遠山は小・中・高の子ども・若者や母親を相手に算数・数学教室を開いた。最初は集会所を使っていたが、ついには自宅の敷地を広げ、そこに常設の教室をつくり、子どもたちを集めて教えていた。なかにはダウン症の子どももいた。名は「真学塾（しんがくじゅく）」。数学塾だけでなく、高校生を集めて名著の輪読会なども催していたが、そちらは「塵劫塾（じんこうじゅく）」と仮称していた。もちろん、「ひと塾」は見えない学校のモデルであった。

いま、フリースクールやフリースペースなど学校外の教育をめぐって論議が交わされているが、すでに遠山は「見えない学校」あるいは「劇場型学校」という表現で、多様な人間の、多様な学びを保障する教育を構想していた。しかもそれは「見える学校」の補完物としてではなく、正規のシステムとしてである。遠山にはルネサンス期のプラトン・アカデミーや江戸期の松下村塾などの思想が念頭にあった。

三つめは著述への傾注である。晩年は、とくに子どもたちのために「書き遺す」ということになみなみならぬ決意をいだいていた。

未完の著作

遠山は著作のアイデアをたくさんもっていたが、晩年は「ひと」運動とのかかわりを中心に構想している。とくに自学自習書としての「数学読本」の執筆には亡くなる直前までこだわり、準備を進めている。もちろん、「見えない学校」のテキストとしても考えていた。

この数学読本は、『ひと』誌に「数学ひとり旅」（仮称）という物語を長期連載したあと、単行本化を予定していた。「算数から微分積分まで」を独学で学べるシリーズで、くわしい創作ノートや試作が残されている。「これをつくったら、教科書はいらない」ともいっていた。

「新しい著作契約をすべて断わり、二年くらい集中して子どもたちが独力で学べる数楽の書を書き上げたい。これを数学教育の最後の仕事にする」という決意が日記（一九七二年）に残されていて、その後、日記にはこの本の構想に関するメモがくり返し登場する。一九七七（昭和五十二）年一月七日の日記によると、「全六巻＋別巻二」からなる大きなシリーズで、その年の十二月には物語の舞台を求めて新潟の冬季分校に取材旅行もしている。

一九四九（昭和二十四）年の日記に「初等数学から微分積分まで、何巻になるかわからぬが、ぜひ、やり遂げたい」（1949.7.30）という記述もあるので、すでに二十数年もまえに構想し、温めつづけていたのである。

また、一九七六（昭和五十一）年元旦の日記には、「観」を自己形成するための糧として古典から十二冊を選びだし、再読するシリーズを『ひと』誌に連載する予定も記されている。

死の家の記録（ドストエフスキー）／老子／歎異抄（親鸞）／ビーグル号航海記（ダーウィン）／パンセ（パスカル）／魯迅／ドン・キホーテ（セルバンテス）／イワンのばか（トルストイ）／天文対話（ガリレオ）／ファウスト（ゲーテ）／知られざる傑作（バルザック）／エミール（ルソー）

——1976.1.1

元旦の決意である。それぞれの作品に寄りそいながら、遠山は若者たちになにを語りかける

つもりだったのだろうか。遠山には「痴育偏重から知育尊重へ」という惹句があるが、観の基礎となる素材を『ひと』誌に書きつづけるつもりでいた。

ほかに、まとまった教育論を書くことも構想されていて、日記に目次が残されている。おそらく連載を予定していたと思われる。

---

①―教育とはなにか（人類と教育／人間の可塑性）②―子どもと社会（世界教育史＝コメニウス、ルソー／日本教育史）③―教育と政治 ④―術の問題（認識論）⑤―学の問題（認識論）⑥―観の問題（認識論）⑦―自由と強制 ⑧―母と父のちがい ⑨―子どもは独立の人間 ⑩―世代論 ⑪―競争心――1976.2.19

すべて未完に終わった。いまや痛惜でしかないが、興味はつきない。

精力的に書く

遠山は『ひと』誌に、その創刊（一九七三年二月号）以来、病床に伏す直前の一九七九年七月号（通巻七十九号）まで、毎号、執筆を欠かすことがなかった。しかも、編集委員会の申し合わせを守り、締め切りに遅れたことは一度もない。ほかの執筆者の模範であった。

遠山には膨大な原稿があるが、そのほとんどは依頼による。しかし、『ひと』誌の連載「教育問答」と「老若問答」にかぎっていえば、本人の提案だったし、締め切りにあわせて毎月書いたわけではなく、アイデアの湧いたときに書きためておき、連載の流れにあわせて持参した。遠山が書く本（文）は、導入はやさしいけれど、しばらくすると、とたんにむずかしくなるという評判だったが、『ひと』誌に書く原稿は専門用語を排し、じつにわかりやすく、読みやすい。

「著者はピッチャー、編集者はキャッチャー。ストライクのつもりで投げているけれど、的を射ているかどうかは、書き手にはわからない。編集者に原稿を渡すときは怖いんだよ」といわれたことがある。あの遠山でも、と忘れられない。

生原稿はフウセン（加筆の朱字）も多く、一文ごとといえるくらい改行が多い。そこで、許可を得て段落にまとめようと試みるのだが、前の行につなぐか、あとのほうが適切か、ひどく迷うのだ。つまり、遠山の思考はブロックを積み重ねていくというよりも螺旋（らせん）形で進んでいく印象が強い。

あるとき、会社の私の仕事机で原稿を書きはじめたことがあった。凛（りん）とした緊張がみなぎり、原稿が行きづまると、ヌッと立ち上がり、思案顔で室内をクマのようにゆっくりと歩きまわり、そして、ふたたび机に。そんな動作をくり返して原稿を仕上げていった。夫人によると、とくに『世界』『数学教室』『数学セミナー』と『ひと』誌の原稿を書いているときは、怖くて書斎にお茶も持っていけなかったという。『世界』以外は遠山が編集代表や編集責任者であった。

著名人の遠山は、一般の読者からすれば遠い存在に見えるし、編集者には不愛想だったのでわれわれも緊張したものだが、編集会議や「ひと塾」での遠山は自分のほうから話題を提供し、会場の準備も手伝うなど、じつにやさしく、じつにフレンドリーであった。

希望は子どもたちに

遠山は子どもがほんとうに好きであった。子どもをおもしろがる感性を最後までもちつづけていた。というよりも、遠山自身が亡くなるまでイタズラ心、アソビ心に満ちたヤンチャ坊主そのままであった。

遠山が半生をふり返ったエッセイは、こんなメッセージで締めくくられている。晩年の願いであり、決意である。

もちろん国家というものはどこの国もだめだと思う。問題は人間である。人間だけをとりだすと、日本人はまだまだ望みがあるような気がする。おとなにはあまり期待がかけられない。まちがった教育でだめにされてしまっているからだ。しかし、子どもにはまだ希望がつなげる。そのためには、いまのまちがった学校教育を変えていかなければならない。そのために何ができるか、ということが私の余生の課題である。——「水源に向かって歩く」

子どもは遠山にとって希望であり、「全宇宙の秘密の理法を知る喜びを子どもに与えたい」と夢を語っていた。子どもの側に立つ教育を創造し、学びを確立する。ひいては知性と感性をあわせもつ「人間の全体性の回復」が終生の願いであった。

遠山没後の『ひと』

一九七九（昭和五十四）年九月、遠山啓が亡くなった。一連の葬送を終えたあと、板倉聖宣も編集委員会を去った。すでに白井春男は編集委員からはずれており、石田宇三郎は一九八〇年に他界する。創刊発起人で残っているのは遠藤豊吉のみになった。

そこで、『ひと』誌は遠山の名を残しながらも編集代表をおかず、「遠山啓＝創刊、『ひと』編集委員会＝編集」にあらため、一九八〇（昭和五十）年一月号に「さらに新しい一歩を」という宣言を巻頭に掲げて再出発をする。

これを機に、『ひと』誌の編集は出版社主導になり、太郎次郎社が編集委員を依頼して『ひと』誌の制作をおこなうかたちになる。つまり、創刊から遠山・板倉がリードしていた時期までを第一期とすれば、その以後の第二期は創刊の志をひきつぎつつも運動誌から商業誌への転換といえる。新しい編集体制のもとで、「ひと」運動は時代の要求に寄りそいながら新しい歴史を刻むことになる。

その後、一九九三（平成五）年に、さらに編集体制を一新するなど、模索と新生を試みながら二〇〇〇（平成十二）年七・八月号をもって休刊となる（通巻三〇八号）。

ちなみに『ひと』誌に掲載された実践や論考はテーマ別に編まれ、「現代教育実践文庫」（第一期＝全三十八巻＋別巻二、第二期＝全三十巻＋別巻二）、「ひと文庫」（全十六巻）として結実している。遠山は生前、「『ひと』の仕事は十年早い」といっていたが、現在、教育が抱える問題のほとんどすべての原形はこの文庫にあるといえるのではないだろうか。

「ひと」運動は、教育に対する新しい思想が芽生え、成長していく鼓動を的確にとらえ、新しい文化、新しい学問を創る運動として発想されたものである。だから、従来の教育運動を「広める」とか「深める」とかではなく、それらの成果をふまえて新しい運動を「創る」ことに力点があった。時代がそれを必要としていた。

エピローグ

遠山啓という水脈

その闘いが遺したもの

遠山は死に臨む病床で、「ぼくはこれまで激しく生きすぎた」と夫人に語ったという。激しい感情を内に秘めながらも、遠山はいつも冷静で、やさしい微笑をたたえ、眼差しはつねに遠くを見つめていた。「死は特別のことではなく、ご飯を食べるのと同じ日常のこと。仕事は広げっぱなしで死ぬ。その後始末を天界からながめるのだ」とつねづねいっていた遠山だが、いくつもの課題を残した。

未完の構想

教育を核にした新しい思想の創造が、遠山が最晩年に取り組んだテーマであった。そこには大きく三つの構想があったのではないだろうか。それは「ひと」運動の原点でもあり、遠山の遠大な志でもある。

❶——人間における全体性の回復

❷——差別に対する闘い

❸——能力遺伝説に対する挑戦

同時に遠山は最後まで学問の人でもあった。そんな遠山の思索の世界を、吉本隆明と同じく敗戦直後の東京工大で自主講義を聴講し、遠山を敬愛してやまなかった奥野健男は、つぎのように受けとめている。

> 遠山さんが晩年、数学教育から日本の教育全体について超人的な反逆的な仕事、そして運動をなされた。しかし吉本隆明が言うごとく、その底に数学と哲学の壮大な総合という今日の世界でだれもが行い得ない、真に人間的・人類的な構想への努力がなされていた。それは現象学的哲学、文化人類学、構造主義哲学、記号論理学など現代の哲学、文学芸術のもっとも先端的思潮と数学特に現代数学との照応の中に、(中略)哲学と数学の、文学芸術と自然科学の新しい根本的次元からの比較・総合を企て、稀有の思考的宇宙の展開を野心的にめざされていた。少くとも晩年の先生に直接お会いする度にその吸収欲から、ほと走る言葉からそのことが感じられた。——奥野健男「解説」1980・遠山啓『古典との再会』

不遜ながら、奥野や吉本の示唆に便乗させていただくなら、それは人間を考える根源的な原理からの考察といえるのかもしれない。ドン・キホーテの覚悟で序列主義に立ち向かっていたので、深読みをすれば、先の三つの構想を総合した延長上に、のちに「遠山啓人間学」とでも呼ばれることになるような壮大な体系が構築されていったかもしれない。いや、もしかしたら、遠山はそれを秘かに描いていたのではないだろうか。そんな僭越な問いを投げかけたとしたら、おそらく遠山は「フッ」と、あのちょっとはにかんだ、いたずらっぽい微笑で一笑に付すにちがいないが。

遠山啓との対話

遠山は片方の手を文化人と、もう片方の手を市民とつなぐことのできる、孤高でいて俗、俗でいて孤高のオピニオン・リーダーであった。

「遠山啓追悼特集」という『ひと』別冊号(一九八〇年二月)には、約九十人から追悼文が寄せられた。多士済々の文化人も、現場の教師も、親も、若者も、学生もいる。遠山と出会うことで仕事をすること、生きることを発見した人たちが遠山を慕い、それぞれの邂逅をふり返りながら、明日からの決意を秘めた惜別をつづった。ほんの一部だが、要約して紹介する。

遠山さんは、バルザックのもっている粗雑さやデタラメさは人生そのもののもっている粗雑さやデタラメさと等質であるという見解に達した。それを短期間に明確に把握しえたのは、遠山さん自身がバルザック的リアリストと等質のものを所有していたからだといえよう。——井上正蔵(ドイツ文学者)「ゲーテとバルザックにふれて」

「線は幅をもたず長さだけをもつ」といったしごく当然なことでさえ、当然とは思えず、世界に対する永遠の質問のように思えたのである。「数の反意語」「生まれそこないの数」とかいう講義は、美術や詩と同義語のように思えてならなかったのも、そのころであった。

――粟津潔（デザイナー・画家）「静かな語り口のなかに」

- 僕はついに、考えぬいて考えぬいたすえ、高校進学を拒否することにしたのです。親はもちろん、学校の先生がたは猛反対しましたが、僕は、自分の主張を曲げはしませんでした。遠山先生は僕に勇気を与えてくれました。僕は独学をしていました。夢はチャップリンのように、世界中の人びとに笑いと生きるすばらしさを教えてあげることです。

――猪狩彰一（劇団員）「生まれてきてよかった」

- 本との出会いによって人生が変わるなどというバカな話はないと思っていたのですが、そんなバカがここにいます。高校時代、〝非行少年〟〝問題〟児と言われつづけ、どうしようもないイラだちのなかで『かけがえのない、この自分』を読み終わったとき、どれほど涙が出たことか、夜一人でどれほどないたことか。――福岡靖史「天上の人・遠山さんへ」

- 先生はまるで青年のような生き生きとした目をしており、学者としての威厳のなかにもどこかやさしさのようなものが感じられ、僕は生まれてはじめて、学問をとおして完成された人間を見たような気がしました。絶望に近い感情が心から抜けきらず、人知れず陰鬱な日を送っていたとき、一筋の光を照らしてくれたのが遠山先生だったのです。

――片平健二（予備校生）「学問をとおして完成された人」

- 『ひと』創刊号を買ってきて、夕食のしたくももどかしく、深夜までかかって、むさぼるように読みあげた当時の、心の奥底から揺さぶられるような感動。教育の濁流のなかで、やっとつかむことができた一本の杭のように、それは私たち母親を救ったのでした。

――小尾芳恵（親として）『かけがえのない、この自分』解題

- 先生のものの考え方・感じ方に感動し、そこから子どもの教育、私自身の生き方などを学んできました。それは義務教育しか受けなかった私の精神の糧でした。

――荒木千歳（親として）「精神の糧」

- シンポジウムで聞いた「学歴社会に抵抗するのはむずかしいことのようだが、考え方を変えさえすれば、かんたんなこと。それには自分の物差しを作ればいい」というひとことは、親であり、教師であるぼくに大きな力となった。著作もあわせて遠山さんとの出会いがなければ、つまらない授業を生徒に押しつけて、平然としていられる教師であったにちがいない。三十年以上の教師生活のなかで遠山さんはもっとも偉大な師であった。

――宮沢望（中学校教員）「不思議なご縁」

大岡信（詩人）は告別式にさいし、遺影に向かって追悼詩を捧げた。前半部のみを紹介する
（「遠山啓追悼特集　その人と仕事」『ひと』別冊一九八〇年二月）。

その声は、ひとびとに告げていた、
数学は
若干の公理系から導き出される自律的な体系の
小宇宙であるだけではなく、
ひとりひとりの全人生がひたっている
自然や社会の構造を映しだした、客観的な知識なのだと。
数学よりも芸術よりも先に、
人間の諸能力の全身的な目覚めがなければならないことを、
遠山さんは説きつづけられた。
この国では
それはしばしば、絶望的な憤りなしに
語れないことだったのに、

遠山さんは何事もないかのように微笑しながら、
むしろ、つねに、「たのしさ」について多く語った。
だれにも真似のできるようなことではなかった、
あれほどにも、生きる時間のふくらみを、
その貴重さを、教えつづけてやまないことは。（後略）――大岡信

人間と文化への畏敬

そんな遠山を長年の盟友・森毅はこんな文章で追悼した。

ほんとうに人間の文化を愛し、そして、その文化をつくる人間を愛していた。ほとんど表面には出さなかったが、遠山さんはほんとうに人間が好きな人だった。晩年の語録のなかに、「子どもみたいにおもしろい生きものを、ただで貸してもらえるんだから、教師ってのはいい商売だよ」というのがあったが、これはまことに遠山さんらしい。（中略）もちろん、人間が好きなぶんだけ、その人間を圧殺するものへの憤りも強かった。これもめったに表面には出なかったが、遠山さんの心の底には、人間を楽しむ心と人間を圧殺するものへの憤りとがあった。こうしたことが、戦後のあの時代、遠山さんを日本の教育運

—動のなかに位置づけることになってしまったのだろう。

——森毅「教育運動のなかで」1980

森の指摘はまさにそのとおりであると思う。おそるおそる申し上げれば、遠山の本籍は「人間」であり、「数学」と「教育」という二つの現住所をつねに持ちつづけた。そんな気がしてならない。

そう考えれば、数学文化の啓蒙に努め、数学教育の改革をめざし、晩年、障害児の教育にかかわったのも、「落ちこぼれ」を擁護し、「落ちこぼし」を生む序列主義の教育を激しく糾弾したのも腑に落ちる。「人間というものの底知れなさ、測りがたさにたいする畏れの感情を失ったとき、その瞬間から教育は退廃と堕落への道を歩みはじめる」という言葉を残しているが、人間の尊厳をおとしめるものは芯から許せなかった。

たしかに遠山は時の政治や社会を相手に闘ってきたが、それ以上に生涯をかけて闘っていたのは、じつはみずからに課した「人間とはなにか」というテーマではなかったろうか。遠山はリベラルというよりも、むしろ、もっともラジカルな「人間追求者」と呼んだほうがふさわしい。

遠山の卓越したユーモアといたずらっ子のような微笑みは多くの人の記憶に刻まれた。その遠山が強く批判したのは、人間の精神を圧殺しようとするものであった。

> 笑いを圧殺することは批判的な精神を圧殺することにほかならない。笑いを失って硬直した精神とファシズムの距離とはそれほど遠くはない。（中略）
> ほんとうに強い精神は、固体よりはむしろ液体に似ている。どのような微細なすきまにもしみとおることのできる柔軟さを、それは保っている。液体は、どのように変形し流動しつつも、体積の総和は不変であるが、精神の強さというものも、そのような種類の強さではなかろうか。流動したり変形したりすることのできる精神だけが笑うことができるのである。――「風刺文学への期待」1955

「ほんとうに強い精神は固体より液体に似ている」といっていた遠山自身が、水に倣う自由さと強靭さで激しく生きたのだった。

「知は力なり」という有名な箴言がある。「業、精しからざれば、胆、大ならず」という遠山が好んだ言葉もある。「知」も「情」も「意」も、「技」をも獲得し、明快な論理と豊かな表現を体現する知性の人にして感性の人――遠山の思想がいまなお生命力をもつのは、その思想が、さらに人格と融けあっていたからだろう。

遠山を水源とする教育文化運動の流れは、遠山の亡きあとも遠山に学んだ人たちに受け継がれ、地下水脈となって流れつづけてきた。枯渇させてはならない。

遠山啓先生に、もしお会いしていなかったら、私は仕事も人生もまったく違ったものになっていたにちがいありません。たとえ編集者にはなっていたとしても、生き方も、仕事の姿勢も、立ち位置やテーマも大きく変わっていたと思います。

遠山宅をはじめて訪問したのは、大学を卒業して国土社に入社（一九六八年）し、編集部に配属された新人のときです。先生はすでに高名な著者。印税を持参したり、新刊を届けたりしましたが、すでに会社をでるときから緊張でパンパン。約束の十分まえにお宅の前まで行き、玄関を確認したうえで近所をグルっとひとまわりし、心を落ち着け、時間を調整して時間ピッタリに呼び鈴を押す――。それを何度かくり返しましたが、夫人が仲介されるか、ご本人がでてこられても「ウッ」と一言でおしまい。書斎に通していただけたのは数回後のことでした。

国土社に採用されたときに、たまたま数学教育協議会（数教協）の担当がいなかったことから遠山先生の担当編集者になり、そこで六年間、新設の太郎次郎社

（現・太郎次郎社エディタス）に移籍した一九七四年から逝去された一九七九年までの六年間は、『ひと』誌の編集・出版と「ひと」運動を介して、先生とは毎週のようにお目にかかっていました。単行本も著作集も担当させていただきました。没後も先生の薫陶を胸に歩んでいますので、気持ちのうえでは四十数年の師事になります。

遠山先生は時代によって仕事のアクセントにかなりの違いがあります。数学は基調だとしても、水道方式・量の理論・数学教育の現代化・障害児教育・競争原理批判……そのどのテーマを強調しているときに先生と出会ったかによって、遠山像はいろいろです。今回、不十分ながらこの本をまとめてみて、だからといって、その総和が遠山先生の全体像を描くかというと、そうともいえない気がしています。知るほどに、思想があまりにも大きく感じられるためです。

本著は遠山先生の仕事と、それを支えた思想に着目して「遠山啓著作集」を基礎にまとめていますが、遠山思想の根源をなす文学観や科学観や芸術観、社会観や歴史観、さらには人間観などを知るには、巻末に紹介されている論集や随筆、対談集などの単行本を、ぜひ、お読みいただきたいと思います。

遠山先生を残したい。その準備として、私的に選集を作成したり、私論を試みたりする事前作業に二〇一〇年ころからとりかかり、本著の執筆と制作にほぼ二年を要しました。そのかんに先生の日記も新たに一部が発見されました。「こんなまとめ方でよかったのだろうか」という不安を抱きながら、なによりもまず遠山啓先生にこの本を捧げたいと思います。

「恩返し」という言葉があります。しかし、私の場合、遠山先生をはじめ、お世話になり、恩を返したい多くの人はすでにこの世を去っております。

一方に「恩送り」という言葉も聞きました。たしかにこの出版作業をするなかで、遠山先生からいただいたご恩は「返す」というよりもつぎの世代に「送る」もの――という実感をもちました。一般に恩は返すものではなく、送るものなのかもしれません。もし、この本がそんな「恩送り」になれば、望外の喜びです。

本稿の執筆と出版にあたっては、著作の引用と再録をご許可くださったばかりでなく、日記ほか貴重な資料をご提供くださり、そのうえ私の質問にお答えいただいたご遺族にお礼を申しあげたいと思います。ほんとうにありがとうございました。

そのほかたくさんの方にお世話になりましたが、とくに脱稿にあたっては数学教育協議会の榊忠男さん、亀書房の亀井哲治郎さんにご苦労をかけ、助言をいただきました。

なんといっても本書の制作を担当してくれた北山理子さんとの共同作業は刺激

的でした。多くの編集作業を要する本でしたので、最後まで改稿や検討の応酬があり、連日、まるで格闘技をやっている感じでした。長年、編集を生業としてきましたが、はじめて編集者から著者にまわってみて、逆に編集という仕事を再認識しました。

太郎次郎社に所縁のある遠山啓、友兼、北山の三者がスクラムを組み、装幀は松田行正さんが手がけてくださるというかたちで、この本をホームから出版できたことは喜びであり、私にとっては仕事のまとめです。古希記念ともなりました。最後に、四十五歳でセミ・リタイアし、その後、フリーランスのまま、好きな仕事だけをやって生きることを支えてくれた女房殿にやや照れながら、ここに特記して「ありがとう」を申し添えます。

二〇一七年一月

友兼清治

年譜と著作——遠山啓の軌跡

●年譜は『遠山啓追悼特集　その人と仕事』（小社刊）をもとにしている。（原典は『数学ハンドブック』〈ほるぷ出版〉にある遠山啓の自筆年譜。そこに松田信行・遠藤豊が補足してまとめたものである）

●著作は、遠山啓が著した書籍のうち、わかるかぎりの単著を掲載し、主要な編著・訳書・共著をくわえて時系列にまとめた。「編」「訳」などの付記のないものは単著である。このほかにも多くの共著書や監修書（児童書をふくむ）、監訳書がある。（参考資料『いま、遠山啓とは』二〇一一・数学教育協議会）

●なお、雑誌や新聞に発表された論考やエッセイについては、その多くが「遠山啓著作集」、および、単行本『水源をめざして』『古典との再会』に収録されている。

●一九〇九年……明治四十二年……〇歳

八月二十一日、朝鮮の仁川に、父・一治、母・リツの長男として生まれる。生後まもなく郷里の熊本県下益城郡小川町に帰る。五歳のとき（一九一四年）、朝鮮に残っていた父が腸チフスで亡くなり、母と祖父に育てられる。このころ将棋をおぼえる。

●一九一六年……大正五年……七歳

小川町尋常小学校に入学。九歳のとき、東京に移る。一九一八年、千駄ヶ谷第一小学校（現在の渋谷区立千駄谷小学校）に編入。

●**一九二二年**……大正十一年……十三歳

東京府立第一中学校（現在の日比谷高校）に入学。中学二年のとき、関東大震災にあい、あぶないところで命びろいをする。中学三年になって幾何の魅力にとりつかれる。

●**一九二六年**……大正十五年・昭和元年……十七歳

福岡高等学校（のちの九州大学教養学部）の理科甲類に入学。この年、人生観に深い影響を与えた祖父が亡くなる。学校の勉強は熱心にやらず、手あたりしだいに本を読む。相対論や量子論を読むうちに、そこで使われている数学に魅力を感じるようになる。

●**一九二九年**……昭和四年……二十歳

東京帝国大学（現在の東京大学）理学部数学科に入学。入ったとたん幻滅を感じ、二年ほどかよって自主退学する。大学側の書類では六年間の満期退学（一九三五年）。哲学書・文学書を濫読し、数学から遠のく。家庭教師や翻訳のアルバイト生活。その後、ワイルの『**群論と量子力学**』を読ん

――中学二年のとき、関東大震災にあい、その後、死というものがいつも頭のなかを行き来した。このころから自分の好きなことしかやらないという性癖はますます高じていく。

――二十歳まえの少年にとっては、人生はまるで謎であり、未知の可能性のいっぱいつまったパンドーラの箱だった。手あたりしだいに本を読み、手あたりしだいに考え、議論した。毎日毎日、自分が一センチぐらい背がのびていくような気がする時代だった。

――どういう動機で数学者になったのかとよくきかれるが、ひと言で答えることはむずかしい。まず第一に、その厳密さに魅力を感じたということがいえるだろう。いちど証明してしまえば、何万人の人が反対であろうと、真理であることに変わりはない、というこの学問だけがもっているさわやかさが、そのころの私をひきつけたように思える。

で衝撃を受け、もういちど数学をやる気になる。

●一九三五年……昭和十年……二十六歳
東北帝国大学（現在の東北大学）理学部数学科に入学。二・二六事件、日中事変と、世の中が日ましに暗くなり、大学では将棋ばかりさしていた。最少の単位数で卒業する。一九三七年八月に北條ユリ子と結婚。

●一九三八年……昭和十三年……二十九歳
海軍霞ヶ浦航空隊の海軍教授となり、数学を教える。このころ、「代数関数論」の研究に没頭。一九四〇年に「微分方程式における一不等式」を、一九四三年に「超アーベル関数論について」などを発表。

●一九四四年……昭和十九年……三十五歳
四月、海軍をやめ、東京工業大学の助教授となる。一九四五年、敗戦。八月十五日は勤労動員のために専門部の学生を引率して長野県飯田にいた。秋、学生たちによる自主講

――まっすぐにいったら二十二歳で卒業するところを二十八歳で卒業したのだから、六年間のまわり道をしたことになるが、学歴というレールを脱線してもなんとかなるという一種の度胸のようなものができ、学校というものを冷静に眺められるようになって、教師として学校で生活するようになってからずいぶん役にたった。

――私は幼年時代から青年時代まで、自分は日本という国に生まれて運が悪かった、と思いつづけながらすごしてきたように思う。そのことは、私が数学を専攻したこととも無関係ではなかった。いまから考えると、敗戦まで、私は精神的には隠遁者だった。そのことをいわないと、八月十五日に私の経験した解放感と安心感は理解してもらえないだろう。
敗戦は急激な転換をもたらしはしなかったが、ごくゆっくりと、人間に背を向けていた私の精神を人間のほうに向け変えていった。

座で「量子論の数学的基礎」を講義。聴講生には吉本隆明や奥野健男がいた。

●**一九四九年**……昭和二十四年……四十歳
論文「代数関数の非アーベル的理論」で理学博士となる。東京工業大学教授。このころから自分の子どもの受けている数学教育に疑問を感じ、数学教育に関心をもつようになる。

●**一九五一年**……昭和二十六年……四十二歳
四月、七名の同志とともに数学教育協議会（数教協）を結成する。生活単元学習批判、数え主義批判などをつうじて数学教育の改良運動をはじめる。

●**一九五二年**……昭和二十七年……四十三歳
五月、**『無限と連続――現代数学の展望』**（岩波書店）刊行。九月、数教協の会員誌**『研究と実践』**を創刊。十二月、**『行列論』**（共立出版）。

――最初のきっかけは子どもが小学校にかようようになったことである。当時、学校でやられていた算数教育はあきれるほどひどいものであった。このまま放っておくと、日本中の子どもはものを考える力をなくしてしまうのではないか、とさえ私は思った。なんとかしなければならないと思って、同志の人びとといっしょに改良運動をすすめていくことにした。

●著作
『三角函数の研究』一九五一・山海堂
『無限と連続――現代数学の展望』一九五二・岩波書店
『行列論』一九五二・共立出版
『入試問題解析2　問題の解法』一九五二・山海堂

●一九五三年……昭和二十八年……四十四歳
『新しい数学教室』（新評論社）を編集する。生活単元学習を批判した数教協の初の単行本である。

●一九五五年……昭和三十年……四十六歳
二月、数教協の機関誌**『数学教室』**（新評論社、のち国土社）を創刊。

●一九五七年……昭和三十二年……四十八歳
二月、H・スタインハウス**『数学スナップ・ショット』**の翻訳を刊行（紀伊國屋書店）。十二月、H・ヴァイル**『シンメトリー』**（同前）の翻訳。

●一九五八年……昭和三十三年……四十九歳
八月、小学校の算数教科書を編集するために長妻克亘・銀林浩らと研究をはじめる。その過程で「量の体系」と「水道方式」の理論を打ち立てる。教科書**『みんなのさんす**

『新しい数学教室』——編・一九五三・新評論社
『数はどこにでもある』——共編著・一九五四・アルス
『数の系統』『変化の状態の研究』『求積法』『無限級数』一九五五・小山書店／のちダイヤモンド社
『代数学及幾何学』一九五五・広川書店
『中学校数学』——教科書・一九五五・光村図書
『解析幾何学演習』一九五六・広川書店
『算数・数学（講座・学校教育８）』——共編著・一九五六・明治図書
『数学１のカギ　幾何編』一九五六・学生社
『数学１のカギ　代数編』一九五七・学生社
『数のおいたち』一九五七・青葉書房
『数学スナップ・ショット』——訳、H・スタインハウス著、一九五七・紀伊國屋書店
『シンメトリー』——訳、H・ヴァイル著、一九五七・紀伊國屋書店
『初等解析学』上・下——共訳、E・B・ウィルソン著、一九五七—一九五八・広川書店

う』（日本文教出版）は一九六〇年に刊行されるも、広域採択の壁にはばまれて廃刊に追い込まれ、その内容は市販テキスト『**わかるさんすう**』（むぎ書房）に引き継がれる。

●**一九五九年**……昭和三十四年……五十歳

十一月、『**数学入門**（上）』（岩波書店）刊行。

●**一九六〇年**……昭和三十五年……五十一歳

一月、『**教師のための数学入門——数量編**』（国土社）。十月、『**数学入門**（下）』（岩波書店）。

●**一九六一年**……昭和三十六年……五十二歳

九月、民教連の視察団メンバーとして四週間の日程で中国旅行。『**数学入門**（上）（下）』により毎日出版文化賞を受賞。

●**一九六二年**……昭和三十七年……五十三歳

三月、『**数学セミナー**』（日本評論社）が創刊。編集責任者のひとりとなり、巻頭に「数学と現代文化」を書く。五月、

『数学入門（上）』一九五九・岩波書店
『数学入門（下）』一九六〇・岩波書店
『みんなのさんすう』——教科書・学年別・一九六〇・日本文教出版
『教師のための数学入門—数量編』一九六〇・国土社
『水道方式による計算体系』——共著・一九六〇・明治図書（のち、増補版が発行）
『数学と教育（講座・現代教育学9）』——共著・一九六〇・岩波書店
『どうしたら算数ができるようになるか』——編著・一九六〇・日本評論新社
『どうしたら数学ができるようになるか』——編著・一九六一・日本評論新社
『算数に強くなる水道方式入門』上・下——編・一九六一・国土社
『数の不思議』一九六二・国土社／のちSBクリエイティブ
『水道方式による算数の本1』一九六二・国土社
『数学セミナー』（月刊誌）——責任編集・一九

『現代数学の考え方』（明治図書）。十二月、『数の不思議』（国土社）。

●一九六三年……昭和三十八年……五十四歳

五月、『数学とその周辺』（明治図書）。十二月、『新数学勉強法』（講談社）。この年から明星学園の実践研究に関する指導・助言の仕事をひきうける。

●一九六四年……昭和三十九年……五十五歳

明星学園で水道方式による算数教育の指導にあたる。夏、自動車の運転の練習を思いたち、教習所にかよう。

●一九六五年……昭和四十年……五十六歳

一月、『教師のための数学入門――関数・図形編』（国土社）。二月、『しろうと教育談』（同前）。三月、『ベクトルと行列』（日本評論社）。五月、『講座　算数の教え方』のIとII（明治図書）。

六二年四月号創刊・日本評論社
『現代数学の考え方』一九六二・明治図書
『おかあさんもわかる水道方式の算数』一九六二・明治図書
『数の発達心理学』――共訳、J・ピアジェ＋A・シェミンスカ著、一九六二・国土社
『数学とその周辺』一九六三・明治図書
『新数学勉強法』一九六三・講談社
『新・数学I』一九六三・学生社
『新・数学2B』一九六四・学生社
『教師のための数学入門―関数・図形編』一九六五・国土社
『しろうと教育談』一九六五・国土社
『ベクトルと行列』一九六五・日本評論社
『講座　算数の教え方』I・II――一九六五・明治図書
『わかるさんすう』1〜6――監修・一九六五・むぎ書房
『現代数学教育事典』――共編・一九六五・明治図書

●**一九六七年**……昭和四十二年……五十八歳
五月、『**現代数学対話**』（岩波書店）。

●**一九六八年**……昭和四十三年……五十九歳
一月、『**現代数学講話**』（明治図書）。春に都立八王子養護学校の研究会に招かれ、そこで障害児教育に出会う。それから月に一、二回、かようようになる。

●**一九六九年**……昭和四十四年……六十歳
モンテッソリ法の感覚教育からヒントを得て、「はめ板」の教具を八王子養護学校で試みる。それをＩＱの測定が不可能といわれる子がやってのけ、その子が示した熱狂的といってよいほどの喜びの動作に感動する。これらの体験は人間観・教育観をゆるがした。六月、『**数学教育ノート**』（国土社）。

●**一九七〇年**……昭和四十五年……六十一歳
二月、『**微分と積分——その思想と方法**』（日本評論社）。三

『キュート数学』Ｉ・II——一九六七・一九六九・三省堂／のち、ＩとIIをあわせて『基礎からわかる数学入門』としてＳＢクリエイティブ刊
『現代数学対話』一九六七・岩波書店
『現代の数学（講座・現代科学入門１）』——編・一九六七・明治図書
『現代数学講話』一九六八・明治図書
『現代化算数指導法事典』——共編・一九六八・明治図書
『数学教育ノート』一九六九・国土社
『現代科学の世界観と方法（講座・現代科学入門10）』——共著・一九六九・明治図書
『微分と積分——その思想と方法』一九七〇・日本評論社
『現代数学教育講座』１〜６——編・一九七〇・明治図書

月、東京工業大学を定年退職。名誉教授となる。最終講義で「数学の未来像」を講演。

●**一九七一年**……昭和四十六年……六十二歳

一月、**『数学と社会と教育』**(国土社)。五月、**『数学は変貌する』**(同前)。八月、八ヶ岳で算数の苦手な子を集めて算数教室を開く。

●**一九七二年**……昭和四十七年……六十三歳

一月、編集した**『歩きはじめの算数——ちえ遅れの子らの授業から』**(国土社)が刊行。同月、明星学園の教育顧問の仕事をひきうける。以後、亡くなる年まで同学園で動力学と英語の授業をおこない、教育プランを提案する。

二月、**『初等整数論』**(日本評論社)、**『さんすうだいすき』**全十巻+別巻三(ほるぷ出版)、五月、**『関数を考える』**(岩波書店)、**『代数的構造』**(筑摩書房)、**『数学の学び方・教え方』**(岩波書店)。九月、約一か月間、ヨーロッパ旅行。おもに各国の算数の本や教育状況を見てまわる。

『数学と社会と教育』一九七一・国土社
『数学は変貌する』一九七一・国土社
『現代化数学指導法事典』——編・一九七一・明治図書
『歩きはじめの算数—ちえ遅れの子らの授業から』——編・一九七二・国土社
『初等整数論』一九七二・日本評論社
『関数を考える』九七二・岩波書店
『数学の学び方・教え方』一九七二・岩波書店
『代数的構造(数学講座10)』一九七二・筑摩書房/のち、ちくま学芸文庫
『さんすうだいすき』全十巻+別巻三——一九七二・ほるぷ出版/のち日本図書センター
『はじめてであうすうがくの本』全十巻——監修、安野光雅著、一九七二・福音館書店
『代数の第一歩』1・2——共訳、W・W・ソーヤー著、一九七二・みすず書房

●一九七三年……昭和四十八年……六十四歳
一月、月刊誌『**ひと**』（太郎次郎社）を創刊。編集代表になり、創刊号から精力的に原稿を書きつづける。十月、『**文化としての数学**』（大月書店）。十二月、『**算数の探険**』全十巻（ほるぷ出版）。

●一九七四年……昭和四十九年……六十五歳
五月、『**かけがえのない、この自分**』（太郎次郎社）。

●一九七六年……昭和五十一年……六十七歳
一月、『**競争原理を超えて**』（太郎次郎社）。

●一九七七年……昭和五十二年……六十八歳
一月、『**水源をめざして**』（太郎次郎社）。十一月、第一次家永教科書裁判の原告側証人として出廷。

『算数の探検』全十巻——一九七三・ほるぷ出版／のち日本図書センター
『文化としての数学』一九七三・大月書店
『ひと』（月刊誌）——編集代表・一九七三年二月号創刊・太郎次郎社
『かけがえのない、この自分』一九七四・太郎次郎社
『競争原理を超えて』一九七六・太郎次郎社
『水源をめざして』一九七七・太郎次郎社
『教育の蘇生を求めて』——対談集・一九七八・太郎次郎社
『いかに生き、いかに学ぶか』一九七八・太郎次郎社

● **一九七八年**……昭和五十三年……六十九歳

二月、対談集『**教育の蘇生を求めて**』、七月、『**いかに生き、いかに学ぶか**』。八月、「遠山啓著作集」が刊行スタート、第一回配本『**量とはなにかⅠ**』。十一月、第二回配本『**教師とは、学校とは**』(以上、太郎次郎社)。十二月、NHK総合テレビ「女性手帳」に「数学の森の小径から」と題して五日間、出演する。この年から翌年にかけて、『**数学の広場**』全八巻+別巻一(ほるぷ出版)が刊行。

● **一九七九年**……昭和五十四年……七十歳

一月、朝日新聞の連載「いま学校で」にて灘高校長と往復書簡のかたちで紙上討論をする。二月、著作集の第三回配本『**教育への招待**』(太郎次郎社)。

九月十一日午前十時三十三分、さきたま病院にて死去。肺ガンによるガン性胸膜炎。

「遠山啓著作集」全二十七巻+別巻二——一九七八年刊行開始・太郎次郎社
(数学論シリーズ全8巻、数学教育論シリーズ全14巻、教育論シリーズ全5巻)
『数学の広場』全八巻+別巻一——一九七八・一九七九、ほるぷ出版/のち日本図書センター

● **没後**

『数と式——代数入門』一九八〇・講談社/のち、『代数入門』として筑摩書房刊
『古典との再会』一九八〇・太郎次郎社
『関数論初歩』一九八六・日本評論社
『遠山啓のコペルニクスからニュートンまで』森毅ほか監修、一九八六・太郎次郎社
『数学とこれからの社会』——講演録カセット・一九八八・岩波書店
『遠山啓エッセンス』全七巻(選集)——銀林浩ほか編・亀書房制作、二〇〇九・日本評論社
『現代数学入門』二〇一二・筑摩書房
『親と子で学ぶ算数入門』二〇一四・SBクリエイティブ

●主要な著作のうち、現在入手しやすいもの。復刊は現在の版元を記した。

数学論・科学史

無限と連続――岩波新書
数学入門(上)(下)――岩波新書
現代数学対話――岩波新書
初等整数論――日本評論社
関数論初歩――日本評論社
代数的構造――ちくま学芸文庫
現代数学入門――ちくま学芸文庫
代数入門――ちくま学芸文庫
遠山啓のコペルニクスからニュートンまで
――遠藤豊・榊忠男・森毅＝監修、太郎次郎社エディタス

子ども・ティーンむけ

さんすうだいすき(全十巻)――日本図書センター
算数の探険(全十巻)――日本図書センター
数学の広場(全八巻＋別巻二)――日本図書センター
数の不思議――SBクリエイティブ
親と子で学ぶ算数入門――SBクリエイティブ
基礎からわかる数学入門――SBクリエイティブ

数学教育論・教育論

数学の学び方・教え方――岩波新書
競争原理を超えて――太郎次郎社エディタス
かけがえのない、この自分――同
いかに生き、いかに学ぶか――同

評論・エッセイ

水源をめざして――同
古典との再会――同

選集・著作集

遠山啓エッセンス(全七巻)――銀林浩・榊忠男・
小沢健一＝編、亀書房＝企画制作、日本評論社
遠山啓著作集(全二十七巻＋別巻二)
――太郎次郎社エディタス

引用文献・出典一覧

- 著者名のないものはすべて遠山啓による。
- 論考タイトルに付記した年は雑誌等での発表年。所収本（出典）の年は、その本の発行年である。
「遠山啓著作集」は一九七八年から一九八三年にかけて、数学論シリーズ０〜７巻、数学教育論シリーズ０〜13巻、教育論シリーズ０〜４巻（全二十七巻）、および別巻二冊が刊行された。

初出の掲載誌・紙については著作集を参照されたい。
- 発行元の記載のないものはすべて、現在、太郎次郎社エディタス刊。

プロローグ

「数学の未来像」１９７０——著作集・数学論シリーズ６『数学と文化』

「水源に向かって歩く」１９７６——『水源をめざして』一九七七年

第１章

・永吉吾郎「わが友・遠山啓」１９８０——『遠山啓追悼特集　その人と仕事』「ひと」別冊一九八〇年二月

「液体になる瞬間」１９５９——『水源をめざして』一九七七年

「水源に向かって歩く」１９７６——同前

「数学との再会」１９７１——同前

「学校と私」１９７６——同前

第2章

・永吉吾郎「わが友・遠山啓」1980――第1章の項参照

・吉本隆明「遠山啓さんのこと」1979――『海』一九七九年十一月特別号(中央公論社)／『追悼私記』(ちくま文庫)に収録

・斎藤利弥「30年前」1980――『遠山啓追悼特集　その人と仕事』「ひと」別冊一九八〇年二月

・座談会「遠山啓先生の数学観」1980――『数学セミナー』一九八〇年一月号(日本評論社)

・岩澤健吉「遠山啓教授の数学的業績」1980――『数学セミナー』一九八〇年三月号(同前)

・森毅「異説遠山啓伝」1980――『数学セミナー』一九八〇年一月号(同前)

・丸山滋弥「初期の遠山研究室」1980――『遠山追悼特集　その人と仕事』「ひと」別冊一九八〇年二月

・鶴見俊輔「遠山啓の思い出」1981――『ひと』一九八一年四月号

「水源に向かって歩く」1976――『水源をめざして』一九七七年

第3章

・斎藤利弥「30年前」1980――第2章の項参照

「学力低下の回復をはかれ」1955――著作集・数学教育論シリーズ2『数学教育の潮流』

「抽象ぎらい、系統ぎらい、分析ぎらい」1960――著作集・教育論シリーズ1『教育の理想と現実』

「数学と自然科学」1956――著作集・数学教育論シリーズ1『数学教育の展望』

「戦後教育運動の反省」1955――著作集・教育論シリーズ1『教育の理想と現実』

「民間教育運動にのぞむもの」1968――著作集・教育論シリーズ2『教育の自由と統制』

「教育か、研究か」1973――『かけがえのない、この自分』一九七四年

第4章

「水道方式の原則」1971――著作集・数学教育論シリーズ4『水道方式をめぐって』

「水道方式の原理」1962――著作集・数学教育論シリーズ3『水道方式とはなにか』
「高校で線型代数をどう教えるか」1961――著作集・数学教育論シリーズ6『量とはなにかⅡ』
「数のまえに量がある」1970――同前
「量の問題について」1958――著作集・数学教育論シリーズ5『量とはなにかⅠ』
「数学教育の近代化と現代化」1963――著作集・数学教育論シリーズ8『数学教育の現代化』
「量の体系とはなにか」1960――著作集・数学教育論シリーズ6『量とはなにかⅡ』
「数学教育における量の問題」1962――著作集・数学教育論シリーズ5『量とはなにかⅠ』
「水道方式と量の体系」1962――著作集・数学教育論シリーズ3『水道方式とはなにか』
「教科書裁判の証言を終えて」1978――著作集・教育論シリーズ2『教育の自由と統制』

第5章

「統一カリキュラムをつくるために」1965――著作集・数学教育論シリーズ1『数学教育の展望』
「現代化と数学教育」1964――著作集・数学教育論シリーズ8『数学教育の現代化』
「数学教育の近代化と現代化」1963――同前
「現代化とは何か」1963――同前
「現代化を、こう考える」1966――著作集・数学教育論シリーズ0『数学教育への招待』
「現代数学と数学教育」1959――著作集・数学教育論シリーズ1『数学教育の展望』
「数学教育の基礎」1960――同前
「科学技術と数学教育」1960――著作集・数学教育論シリーズ8『数学教育の現代化』
「現代化のカリキュラム試案」1965――著作集・数学教育論シリーズ9『現代化をどうすすめるか』
「数学の方法」1959――著作集・数学論シリーズ6『数学と文化』

「数学と人間」1956――著作集・数学教育論シリーズ1『数学教育の展望』
「新しい学力観と教育」1960――著作集・教育論シリーズ3『序列主義と競争原理』
「学力とはなにか」1962――同前
「学習指導要領改訂と科学技術政策」1968――著作集・数学教育論シリーズ2『数学教育の潮流』
「文部省学習指導要領」1970――同前
「学習指導要領無用論!」1965――著作集・数学教育論シリーズ1『数学教育の展望』
「教育改革と民間教育運動」1963――著作集・教育論シリーズ2『教育の自由と統制』

第6章

・斎藤利弥「30年前」1980――第2章の項参照
「文化としての数学」1973――著作集・数学論シリーズ6『数学と文化』
「数学と現代文化」1962――同前
「数学論よ、おこれ」1967――同前
「数と言葉」1968――同前
「数学教育の基礎」1960――著作集・数学教育論シリーズ1『数学教育の展望』
「学問としての数学」1956――同前
「数学教育の位置づけ」1970――同前
「数学と社会」1969――著作集・数学論シリーズ6『数学と文化』
「数学の方法」1959――同前
「数学と自然科学」1956――著作集・数学教育論シリーズ1『数学教育の展望』
「数学の歴史的発展」1967――著作集・数学論シリーズ7『数学のたのしさ』

「数学の発展」1970――著作集・数学論シリーズ6『数学と文化』
「数学の未来像」1970――同前

第7章

「学問としての数学」1956――数学教育論シリーズ1『数学教育の展望』
「教育改革と民間教育運動」1963――著作集・教育論シリーズ2『教育の自由と統制』
「数学の発展のために」1956――著作集・数学論シリーズ6『数学と文化』
「学問の切り売り」1972――『水源をめざして』一九七七年
「国民教育における教科の役割」1961――著作集・教育論シリーズ2『教育の自由と統制』
「民間教育運動の今後の課題」1972――同前
「自然認識と社会認識」1961――著作集・教育論シリーズ1『教育の理想と現実』
「教科の役割とはなにか」1961――著作集・教育論シリーズ2『教育の自由と統制』
「何のために勉強するの?」1973――『かけがえのない、この自分』一九七四年
「科学と技術と芸術」1964――著作集・教育論シリーズ0『教育への招待』
「科学教育と芸術教育」1964――同前
「教育学者への率直な注文と期待」1962――著作集・教育論シリーズ1『教育の理想と現実』
・藤田省三「この欠落」1980――『遠山啓追悼特集　その人と仕事』「ひと」別冊一九八〇年二月

第8章

・滝沢武久「『歩きはじめの算数』のすすめ」1992――現代教育101選『歩きはじめの算数』一九九二年(国土社)
「水源に向かって歩く」1976――『水源をめざして』一九七七年
「原教科の指導」1971――著作集・教育論シリーズ3『序列主義と競争原理』

「根源教育としての障害児教育」1971——同前
「教育の原点とは」1976——同前
「障害児教育の障害」1970——同前
「人間への畏敬の念を忘れたもの」1978——同前
「上と下からの序列化」1979——同前
「第三の差別」1973——『かけがえのない、この自分』一九七四年

第9章

「教科書裁判から何を学ぶか」1971——著作集・教育論シリーズ2『教育の自由と統制』
「杉本判決のなげかける問題」1971——同前
「技術者としての教師」1959——著作集・教育論シリーズ4『教師とは、学校とは』
「教科書裁判の証言を終えて」1978——著作集・教育論シリーズ2『教育の自由と統制』
「分断と統一」1970——同前
「序列主義と国家主義」1971——『競争原理を超えて』一九七六年
「内と外の序列主義」1972——同前
「第三の差別」1970——同前
「『能力主義』と『序列主義』」1976——同前
「競争原理にかわるもの」1975——同前
「教育思想としての競争原理」1975——同前
「遺伝と教育」1976——著作集・教育論シリーズ0『教育への招待』

第10章

「数学教育とゲーム」1975──著作集・数学教育論シリーズ10『たのしい数学・たのしい授業』
「たのしい授業の創造」1977──同前
「生活単元学習と科学的精神」1953──著作集・教育論シリーズ1『教育の理想と現実』
「数楽への招待」1976──著作集・数学教育論シリーズ11『数楽への招待Ⅰ』
「バイパスのすすめ」1977──著作集・数学教育論シリーズ12『数楽への招待Ⅱ』
「数学教育の二つの柱」1978──著作集・数学教育論シリーズ5『量とはなにかⅠ』
「はしがき」『初等整数論』1972──『初等整数論』一九七二年（日本評論社）
「整数論のすすめ」1969──著作集・数学論シリーズ7『数学のたのしさ』
「私の教育観」1979──著作集・教育論シリーズ1『教育の理想と現実』
「〝競争〟やめて〝多様化〟を」1977──著作集・教育論シリーズ4『教師とは、学校とは』
「序列主義の克服」1972──『競争原理を超えて』一九七六年
「教育における総合性の回復」1976──同前
「競争原理を超えて」1976──同前

第11章

「水源に向かって歩く」1976──『水源をめざして』一九七七年

エピローグ

・奥野健男「解説」1980──遠山啓『古典との再会』一九八〇年
・森毅「教育運動のなかで」1980──『遠山啓追悼特集　その人と仕事』「ひと」別冊一九八〇年二月
「風刺文学への期待」1955──『水源をめざして』一九七七年

編著者紹介

友兼清治（ともかね・せいじ）

1945年、神奈川県の川崎に生まれる。1968年、国土社に入社。数学教育協議会の担当編集者となり、遠山啓と出会う。
1974年、創設まもない太郎次郎社に移籍。月刊誌『ひと』の編集とともに、「現代教育実践文庫」（通称「ひと」文庫）第1期の制作にたずさわる。また「遠山啓著作集」をはじめ、同社の遠山著作のほとんどを担当する。太郎次郎社代表取締役をへて、1990年よりフリー。

遠山啓
行動する数楽者の思想と仕事

2017年3月10日　初版発行
2017年5月15日　第2刷発行

編著者　友兼清治

装　幀　松田行正・杉本聖士
写　真　蔵原輝人・横田暢郷・山下寅彦
発行所　株式会社太郎次郎社エディタス
東京都文京区本郷3－4－3－8F　〒113－0033
電話 03-3815-0605
FAX 03-3815-0698
http://www.tarojiro.co.jp/
電子メール tarojiro@tarojiro.co.jp

印刷・製本 大日本印刷

ISBN978-4-8118-0799-7
Printed in Japan